水利水电BIM联盟　编

水利水电工程BIM实施指南

·北京·

内 容 提 要

本书正文共6章，包括水利水电工程BIM应用概述、BIM实施、设计阶段BIM应用、施工阶段BIM应用、运维阶段BIM应用、基于BIM的全生命期管理平台；附录共5章，包括BIM软件列表、工程案例、Autodesk水利水电工程BIM解决方案、Dassault水利水电工程BIM解决方案、Bentley水利水电工程BIM解决方案。

本书为水利水电工程企业及从业人员提供了全面的BIM技术实施及应用指导，涵盖BIM技术实施的作业流程、方法及应用场景，系统总结了水利水电工程设计、施工、运维等全生命期BIM技术应用的目标、流程及应用方式，是水利水电行业BIM技术入门实施及应用的工作指南。

图书在版编目（CIP）数据

水利水电工程BIM实施指南 / 水利水电BIM联盟编
. -- 北京 : 中国水利水电出版社, 2022.1
ISBN 978-7-5226-0430-5

Ⅰ. ①水… Ⅱ. ①水… Ⅲ. ①水利水电工程－计算机辅助设计－应用软件－指南 Ⅳ. ①TV-39

中国版本图书馆CIP数据核字(2022)第009718号

书　　名	**水利水电工程BIM实施指南** SHUILI SHUIDIAN GONGCHENG BIM SHISHI ZHINAN
作　　者	水利水电 BIM 联盟　编
出版发行	中国水利水电出版社 （北京市海淀区玉渊潭南路1号D座　100038） 网址：www.waterpub.com.cn E-mail：sales@waterpub.com.cn 电话：(010) 68367658（营销中心）
经　　售	北京科水图书销售中心（零售） 电话：(010) 88383994、63202643、68545874 全国各地新华书店和相关出版物销售网点
排　　版	中国水利水电出版社微机排版中心
印　　刷	天津嘉恒印务有限公司
规　　格	170mm×240mm　16开本　11.25印张　220千字
版　　次	2022年1月第1版　2022年1月第1次印刷
印　　数	0001—1500册
定　　价	**80.00**元

主编单位：水利部水利水电规划设计总院
中国电建集团成都勘测设计研究院有限公司

参编单位：水电水利规划设计总院
中国电建集团昆明勘测设计研究院有限公司
中国电建集团北京勘测设计研究院有限公司
黄河勘测规划设计研究院有限公司
上海勘测设计研究院有限公司
长江勘测规划设计研究院
广东粤海珠三角供水有限公司
中国电建集团中南勘测设计研究院有限公司
中国电建集团贵阳勘测设计研究院有限公司
中水北方勘测设计研究有限责任公司
湖北省水利水电规划勘测设计院
浙江省水利水电勘测设计院
河北省水利规划设计研究院有限公司
江西省水利规划设计研究院
水利部新疆维吾尔自治区水利水电勘测设计研究院
云南省水利水电勘测设计研究院
河南省水利勘测设计研究有限公司
中国电建集团西北勘测设计研究院有限公司
中国电建集团华东勘测设计研究院有限公司
南水北调东线总公司
中国水利水电第七工程局有限公司
欧特克软件（中国）有限公司
达索析统（上海）信息技术有限公司
Bentley 软件（北京）有限公司

编写人员：敖　翔　李　谧　张志伟　贺晓钢　周恒宇　王　蕊　冉丽利
黄志宏　尹习双　吴维金　李　韡　朱晓斌　杜灿阳　张兆波
宋汉振　陈　馨　刘　涵　陈为雄　赫　雷　王欣垚　余　军
赵凯华　卫　慧　刘　丹　李春权　谢　伟　王进丰　郭学洋
王　翔　陈　特　苏文哲　黄　洁　张永瑞　李端阳　孙　斌
解凌飞　郑慧娟　蒋恺运　于亚东　姬宏奎　张　楠　张李荪
丁维馨　陈　园　李浩然　朱太山　高　英　刘立峰　张　帅
叶茂盛　刘　梅　黄志澎　杨　言　岳　超　罗海涛　姚飞骏
张　颖　方一之　力培文　徐丽梅

评审专家：刘志明　刘　辉　何家欢　赵宇飞　严　磊　梁　晖　欧阳明鉴
何　文　王佐奇

前　言

BIM（建筑信息模型）技术在工程规划、设计、施工、运行中的应用快速发展，场景日益丰富，标准逐步完善，价值逐渐显现，对推动工程建设行业技术变革发挥了重要作用。随着数字中国的建设，基于BIM技术的工程建设数字化将成为水利水电工程数字孪生的重要基础，推动信息技术与水利水电工程的深度融合。

为推动BIM技术在水利水电工程的应用，水利水电BIM联盟组织行业相关单位，总结水利水电工程设计、施工、运维阶段的BIM实施和应用的工作经验，编制了《水利水电工程BIM实施指南》，为水利水电工程全生命期各阶段BIM应用的主要场景、工作方法提供参考。

本书共分11章，涵盖BIM技术实施的规划、组织、资源配置、工作流程、工作方法等关键要点，适用于指导企业实施及推广BIM技术。本书总结了水利水电行业设计、施工、运维各阶段BIM技术的主要应用点、工作流程及应用成果，对于开展BIM技术的水利水电工程技术人员来说，可清晰了解运用BIM技术的目标及预期成果。书中对水利水电工程常用的BIM软件进行了归纳，也包含了部分联盟成员单位自主研发的BIM软件，企业及技术人员可根据实际情况选用适合的软件开展工作。本书还从实际应用着手，总结了常用的Autodesk、Dassault、Bentley三大软件平台在水利水电工程全生命期的解决方案及应用方式。与此同时，本书吸纳了当前水利水电工程BIM等信息技术与工程深度融合的标杆——珠江三角洲水资源配置工程信息化建设项目，给正在BIM技术道路中探索的企业及技术人员提供思路与启发。

本书在编写过程中，得到了水利部水利水电规划设计总院以及中国电建集团成都勘测设计研究院有限公司的大力支持，同时也得到了水利水电BIM联盟各成员单位的全力配合，在此感谢各位同仁倾注的时间和心血。

本书是对水利水电行业BIM技术应用的一个阶段性总结，虽然经过了多次修改，仍不可避免有疏漏或不足之处，请广大读者批评指正。BIM技术还在不断发展，我们也将不断总结与创新，稳步推进BIM技术在水利水电行业的进步与发展，希望后续工作能够继续得到水利水电行业更多同仁的支持。

编　者

2021年10月

目 录

第1章

水利水电工程 BIM 应用概述

1.1 概述

BIM 是建筑信息模型（Building Information Modeling）的英文简称，最初由建筑行业提出，后逐渐拓展到整个工程建设领域。BIM 具有可视化、协同性、模拟性、优化性、参数化、可出图性和信息完备等特性，为提高工程建设质量，缩短工期，减少成本带来了直接效益，同时为智慧工程、数字孪生提供数据基础。

2011 年 5 月，住房和城乡建设部发布《2011—2015 年建筑业信息化发展纲要》（建质〔2011〕67 号），标志着 BIM 技术成为我国建筑信息化的主线，2011 年为我国的“BIM 元年”。2015 年，住房和城乡建设部发布《关于推进建筑信息模型应用的指导意见》，意见指出 BIM 在建筑领域应用的重要意义，明确建筑领域全面推广 BIM 技术的总体目标及要求。2016 年，国务院办公厅发布《关于大力发展装配式建筑的指导意见》（国办发〔2016〕71 号），要求积极应用建筑信息模型技术。2017 年，国务院办公厅发布《关于促进建筑业持续健康发展的意见》（国办发〔2017〕19 号），要求大力推广 BIM 技术。2019 年，国家发展改革委与住房和城乡建设部联合发布《关于推进全过程工程咨询服务发展的指导意见》（发改投资规〔2019〕515 号），意见指出，大力开发和利用建筑信息模型（BIM）、大数据、物联网等现代信息技术和资源，努力提高信息化管理与应用水平，为开展全过程工程咨询业务提供保障。2020 年 4 月，住房和城乡建设部提出“推动 BIM 技术在工程建设全过程的集成应用”的指导意见。2020 年 8 月，住房和城乡建设部等 9 部委联合发布《关于加快新型建筑工业化发展的若干意见》（建标规〔2020〕8 号）。目前，全国各省（自治区、直辖市）均相继发布推进 BIM 应用的指导意见和相关政策，BIM 技术已成为建设数字城市、数字中国的重要组成部分。

2017 年，首个 BIM 国家标准《建筑信息模型应用统一标准》（GB/T 51212—2016）正式实施。截至 2021 年 9 月，住房和城乡建设部共发布 8 项 BIM 国家标准（指南），见表 1.1-1。

表 1.1-1　BIM 国家标准（指南）

序号	标准编号	标 准 名 称	实施时间
1	GB/T 51212—2016	建筑信息模型应用统一标准	2017年7月1日
2	GB/T 51235—2017	建筑信息模型施工应用标准	2018年1月1日
3	GB/T 51269—2017	建筑信息模型分类和编码标准	2018年5月1日
4	建办质函〔2018〕274号	城市轨道交通工程 BIM 应用指南	2018年5月30日
5	GB/T 51301—2018	建筑信息模型设计交付标准	2019年6月1日
6	GB/T 51296—2018	石油化工工程数字化交付标准	2019年3月1日
7	GB/T 51362—2019	制造工业工程设计信息模型应用标准	2019年10月1日
8	GB/T 38994—2020	船舶数字化协同制造技术通用要求	2021年2月1日

1.2　水利水电 BIM 技术发展

随着水利水电行业数字化、智能化建设的不断推进，BIM 技术应用成为行业发展的必然趋势，但要实现 BIM 技术的普及应用，还是一项长期而艰巨的任务。

2019年7月，水利部印发《加快推进智慧水利的指导意见和智慧水利总体方案的通知》（水信息〔2019〕220号），要求促进技术创新，推进水利行业 BIM 应用；加强水利工程建设全生命期管理，积极推进 BIM、GIS 等技术的运用。

2020年5月，水利部提出要聚焦水利信息化补短板，落实信息技术应用和推广任务，充分运用 BIM 等技术，推动信息技术与水利业务的深度融合。

2020年7月，住房和城乡建设部、水利部等13部委发布《关于推动智能建造与建筑工业化协同发展的指导意见》（建市〔2020〕60号），要求加快推动新一代信息技术与建筑工业化技术协同发展，在建造全过程中要加大建筑信息模型（BIM）、互联网、物联网、大数据、云计算、移动通信、人工智能、区块链等新技术的集成与创新应用。积极应用自主可控的 BIM 技术，加快构建数字设计基础平台和集成系统，实现设计、工艺、制造协同发展。

2016年10月，中国水利水电勘测设计协会成立“水利水电 BIM 设计联盟”，成员包括水利部水利水电规划设计总院等36家设计单位。随着 BIM 技术向工程全生命期的推进，联盟成员逐步从设计向工程各参与方扩大，联盟更名为“水利水电 BIM 联盟”。水利水电 BIM 联盟的宗旨是以创新理念推进水利水电工程 BIM 技术全生命期应用，打造水利水电 BIM 生态圈。

预计到2025年，大型水利水电工程建设将普遍应用 BIM 技术。BIM 技术在水利水电行业的快速发展将进一步提升工程的质量与效益，加速推进水利水电工程信息化补短板的进程，实现水利水电工程的数字化、智能化，助力数字中国的建设与发展。

1.2.1 BIM 标准

水利水电 BIM 联盟于 2017 年发布《水利水电 BIM 标准体系》。该标准体系结合水利水电行业 BIM 技术应用现状和发展需求，顶层设计规划了 3 大类 BIM 标准，共 70 余项，为行业 BIM 标准建设打下了基础。

目前，水利水电行业已发布的 BIM 标准见表 1.2-1，其中行业标准 3 项，地方标准 5 项，团体标准 4 项。

表 1.2-1　　水利水电 BIM 标准

类型	标准编号	标准名称	实施时间
行业标准	NB/T 35099—2017	水电工程三维地质建模技术规程	2018 年 3 月 1 日
	NB/T 10507—2021	水电工程信息模型数据描述规范	2021 年 7 月 1 日
	NB/T 10508—2021	水电工程信息模型设计交付规范	2021 年 7 月 1 日
河南省地方标准	DBJ41/T 204—2018	水利工程信息模型应用标准	2018 年 11 月 1 日
河北省地方标准	DB13/T 5003—2019	水利水电工程建筑信息模型应用标准	2019 年 8 月 1 日
上海市地方标准	DG/TJ 08-2307—2019	水利工程信息模型应用标准	2020 年 5 月 1 日
江苏省地方标准	DB32/T 3841—2020	水利工程建筑信息模型设计规范	2020 年 8 月 14 日
山东省地方标准	DB37/T 4357—2021	水利信息模型应用标准	2021 年 4 月 11 日
团体标准	T/CWHIDA 0005—2019	水利水电工程信息模型设计应用标准	2019 年 8 月 20 日
	T/CWHIDA 0006—2019	水利水电工程设计信息模型交付标准	2020 年 1 月 20 日
	T/CWHIDA 0007—2020	水利水电工程信息模型分类和编码标准	2020 年 4 月 6 日
	T/CWHIDA 0009—2020	水利水电工程信息模型存储标准	2020 年 7 月 30 日

1.2.2 BIM 软件

在二维 CAD 时代，一个厂商、一个产品就能支撑起水利水电工程应用的技术环境，而在三维设计和BIM技术时代没有哪一款软件或系统能在各个专业、各个阶段、各个应用领域都具备明显的竞争优势。为了实现项目全专业、全过程、全生命期的数字化应用，企业和工程技术人员往往会根据项目需求选择多款软件和平台的组合来解决问题。

目前水利水电工程BIM应用主要涉及美国的Autodesk、Bentley和法国Dassault等通用软件，辅以PKPM、鲁班、广联达等专业化软件（常用BIM软件列表详见附录A）。水利水电设计、施工、运维企业通过使用这些BIM软件及其组合，解决复杂结构三维设计、多专业协同、三维设计二维出图、施工仿真、过程管理、资产设备管理等问题，能够提高工程勘测设计、施工建造和运营维护水平。

1.2.3 BIM应用

项目BIM应用可按照模型组织、几何信息和属性信息、交付物、协同过程、应用质量等方面进行应用评价与等级划分。BIM应用能力可按照组织管理、软件信息环境、硬件信息环境、人员能力建设、科技与创新等方面进行评价。根据BIM技术应用的深度与价值可将BIM应用划分为BIM 1.0、BIM 2.0和BIM 3.0三个阶段：

(1) BIM 1.0："三维建模、应用有限"阶段。在完成参数化建模之后，提供了有限的专业应用，包括工程规划、项目协同、碰撞检查、造价算量、工程出图等应用。

(2) BIM 2.0："全生命期专业协同"阶段。在专业BIM应用的基础上完成多专业、多阶段的系统性应用、设计—施工—运维一体化应用和技术与管理的融合应用等。

(3) BIM 3.0："智能应用、互联应用"阶段。在项目全生命期协同应用的基础上，依托云计算、大数据、物联网、人工智能、移动互联网、区块链等技术，实现工程的综合优化、智慧建造、智慧运营等智慧应用。

据统计，截至2021年9月，全国已有超过300余项水利水电工程开展了不同程度的BIM应用。以锦屏一级、两河口、杨房沟、向家坝、引江济淮、滇中引水等为代表的工程项目在BIM应用中取得了较好的效益。行业现阶段BIM 1.0已基本成熟，项目全生命期的BIM 2.0正在逐步展开，而面向数字孪生的智慧工程、智能建造BIM 3.0正在兴起，覆盖全行业、全过程、全角色的水利水电BIM生态圈初步形成。

1.2.4 BIM发展

随着数字中国、智慧社会理念的提出，未来社会将进入万物互联的全新时代，云计算、大数据、物联网、移动应用和人工智能将深度融合到工作和生活中，不断推动社会发生深刻变革。水利水电 BIM 技术发展将围绕工程全生命期，结合 GIS、虚拟现实、物联网等技术，开展方案比选、可视化交底、精细化设计、工程计量、施工模拟、成本控制、仿真培训、虚拟巡检、运行监控等应用，全面提升工程的质量与效益。

BIM 与 GIS 技术的集成应用针对水利水电工程区域宏观管理与单体精细化管理并存、地理空间数据与工程管理数据并存的现状，实现跨领域的空间信息和模型信息的集成，在 GIS 大场景中展示方案、开展比选，基于 BIM 模型进行设计、优化和分析，减少错漏碰缺，全面提高项目精细化管理水平与信息化程度。BIM 与虚拟现实技术的集成应用能实现水利水电工程建设及运营过程中虚拟场景的构建、集成、模拟与交互，为沟通协作、生产管理、运行监控提供全新的交互式工作模式。BIM 与物联网技术的集成应用能实现工程全过程信息可视化的集成融合，BIM 技术发挥上层信息集成、交互、展示和管理的作用，而物联网技术则承担底层信息感知、采集、传递、监控、反馈和应用的功能，在工程建设过程中构建起全过程可视化的动态感知与智能监控体系，形成信息、数据与工程实体之间的有机融合，最终实现智慧化的建造与运维。

1.2.5 BIM 应用保障

水利水电行业 BIM 技术发展带来了业务流程、数据与成果管理方式、企业管理模式的改变，企业应同步配套相关保障措施，以适应技术的发展。

(1) 业务流程再造。BIM 技术支持多专业协同的并行业务模式，这种业务模式的变化必然导致传统工作流程的改变，也会使原有的协作方式发生相应的变化。在采用 BIM 技术以后，企业必须重新定义和规范这种新的业务流程。

(2) 数据与成果管理方式改变。在 BIM 协同过程中，BIM 模型成为主要交付物，BIM 模型交付、共享、利用及存档已无法用二维图纸的模式进行管理，需要建立一套基于 BIM 的交付及数据管理模式。同时，BIM 对软硬件及网络资源的要求更高，对于信息资源的管理也从传统的分散式管理发展为集中统一式管理模式。

(3) 管理模式改变。采用 BIM 技术后，企业需对现有的制度及标准进行调整，主要涉及企业资源管理、工作行为管理、激励制度、分配机制、成果交付及质量控制等方面，同时也要对企业的组织机构和人力资源做相应的改变。

当前新建的水利水电工程复杂度越来越高，难度越来越大，工程周期要求越来越短，且国家对工程质量、施工安全、周边环境影响、工程造价等提出了新的要求，加大了水利水电工程的建设难度。行业各主体亟须客观面对当前的现状，依托国家信息化发展的战略，形成自上而下和自下而上的合力，实现 BIM 技术在工程中由点到线、由线到面的应用突破。

水利水电 BIM 联盟规划编制本指南，对 BIM 技术在水利水电行业的发展趋势、实施方法、工作流程、应用场景等进行了总结，其内容涵盖水利水电工程设计、施工、运维的全生命期。

第2章 BIM实施

BIM实施包括实施规划、软硬件建设、组织建设、标准建设、资源库建设、项目试点及应用、实施推广等工作内容。BIM实施是一个长期、系统的过程，在实施中可根据现有基础、工程特点、阶段等因素确定实施的策略、目标、流程及方法。

2.1 BIM实施规划

BIM实施规划要综合考虑组织战略发展、软硬件基础、人员组织等各项因素，BIM实施主要有两种基本方式。

（1）从总体规划到项目全面实施的方式——自顶向下。建立组织整体BIM的战略规划和组织规划，通过专业应用、试点项目应用，验证BIM整体规划的合理性，并不断完善更新，然后在组织内全面推广。

（2）从项目实践到整体实施的方式——自底向上。实施前期主要以满足市场及业务BIM应用需求为目的，在积累一定项目成功经验的基础上，制订出适合组织自身发展的BIM整体规划和实施方案，并逐步扩展到各层级。

水利水电工程项目具有牵扯面广、专业性强、建筑结构形式多样、投资大、施工组织管理复杂等特点，BIM实施不可能一蹴而就，建议根据自身情况及项目特点，采用自顶向下和自底向上相结合的方式，对BIM技术应用进行统筹规划，在实践的基础上不断调整、修订，逐步进行总结、推广、普及和应用。

BIM实施规划包括技术研究与工作调研、制定BIM总体目标及制定BIM年度实施目标等内容。在实施规划中主要进行BIM技术的分析、研究，形成与战略规划相匹配的总体目标，并在各年度逐步落实BIM的各项工作，详细工作见表2.1-1。

表2.1-1　BIM实施规划工作内容

序号	工作项	主要工作内容
1	技术研究与工作调研	（1）BIM技术的特点研究； （2）BIM技术的发展与应用趋势研究； （3）水利水电行业BIM技术应用现状研究；

续表

序号	工作项	主要工作内容
1	技术研究与工作调研	（4）相关行业 BIM 调研； （5）形成 BIM 研究报告
2	制定 BIM 总体目标	与发展战略相结合，形成 BIM 总体规划目标： （1）总体技术路线及发展规划，包括 BIM 软硬件资源规划、人力资源规划、BIM 研发投入规划、管理体系规划； （2）实施成效规划，包括 BIM 应用项目数量、人员普及率、出图率、提质增效具体目标等； （3）导航项目规划； （4）推广应用的关键节点目标规划
3	制定 BIM 年度实施目标	年度目标根据总体规划目标分解，主要包括： （1）BIM 管理体系建设工作目标； （2）BIM 技术研发工作目标； （3）BIM 培训与技能提升目标（初级培训、高级培训、专项培训、考试计划、人员普及率等）； （4）BIM 基础资源建设目标（BIM 库/模板、BIM 标准、BIM 软硬件环境建设等）； （5）各专业 BIM 应用目标； （6）各项目 BIM 应用目标； （7）BIM 配套措施（BIM 激励机制、BIM 考核与奖励措施等）

2.2　软硬件建设

2.2.1　软件环境建设

在 BIM 实施过程中，企业需要结合自身条件，选择适合的 BIM 软件/平台，并在此基础上研发具有自主知识产权的 BIM 软件产品，加快提升 BIM 技术应用的成熟度。

BIM 软件环境建设涵盖软件选择、部署及运行维护 3 个方面，主要包括以下工作步骤：

（1）调研和初步筛选。在此阶段，应全面考察和调研市场上现有的 BIM 软件/平台及应用情况，结合企业需求、规模及费用预算，从中筛选出可能适合的 BIM 平台/软件，并进行进一步评估。筛选条件可包括：基本功能、本地化程度等 15 项内容，如有必要，也可请相关的 BIM 软件服务商、专业咨询机构等提出咨询建议。BIM 软件筛选要点见表 2.2－1。

表 2.2-1 BIM 软件筛选要点

要点		描述
专业性	软件基本功能	在水利水电工程领域的适用性
	专业化程度	在水利水电工程领域的专业性
	本地化程度	在水利水电工程领域是否集成了行业设计应用标准
	专业资源	在水利水电工程领域的 BIM 资源库覆盖程度
	软件操作	软件操作的难易程度
可扩展性	二次开发	能否进行二次开发及二次开发的难易程度
	扩展性	能否在现有功能上根据水利水电工程特点进行扩展
协同性	协同性	协同设计与应用的能力，是否能满足水利水电工程多专业协同的工作目标及要求
集成性	数据格式	可输出的数据格式、效率
	集成能力	集成其他 BIM 软件的数据格式、效率
安全性	安全性	数据使用及存储的安全性
经济性	市场占有率	在水利水电行业或其他行业的市场占有率及应用情况
	实施成本与收益	部署及维护的成本，应用软件的预期效益
维护性	服务能力	是否有专业团队进行 BIM 软件及实施的技术支持
	维护难易程度	是否易于维护

（2）分析及评估。企业在选择 BIM 专业软件与平台级软件时的侧重点有所不同，对 BIM 专业级软件的考察主要为软件是否能满足水利水电各专业对设计、计算、模拟、分析的应用要求；BIM 平台级软件侧重于多专业协同、数据集成以及运行的安全性等。表 2.2-2 给出了 BIM 软件分项评估相关要点的建议。

表 2.2-2 BIM 软件评估要点

要点/重要程度		专业级软件	平台级软件
专业性	软件基本功能	☆☆☆	☆☆☆
	专业化程度	☆☆☆	☆☆☆
	本地化程度	☆☆	☆☆
	专业资源	☆☆	☆
	软件操作	☆☆	☆☆
可扩展性	二次开发	☆☆	☆☆☆
	扩展性	☆☆☆	☆☆☆
协同性	协同性	☆☆	☆☆☆

续表

要点/重要程度		专业级软件	平台级软件
集成性	数据格式	☆☆☆	☆☆☆
	集成能力	☆☆	☆☆☆
安全性	安全性	☆☆	☆☆☆
经济性	市场占有率	☆☆	☆☆
	实施成本与收益	☆	☆☆☆
维护性	服务能力	☆	☆☆
	维护难易程度	☆	☆☆☆

注　☆☆☆表示很重要，☆☆表示较重要，☆表示一般。

（3）测试及试点应用。对选定的 BIM 软件抽调人员进行试用测试，测试的内容包括以下几个方面：

1）与现有资源/系统的兼容情况。

2）软件系统的稳定性和成熟度。

3）易于理解、易于学习、易于操作等易用性。

4）软件系统的性能及所需硬件资源。

5）是否易于维护及升级。

6）本地技术服务质量和能力。

7）支持二次开发的接口。

8）平台的集成性。

9）平台协同设计的流程及方法。

10）项目级全面测试。

（4）审核批准及正式应用。基于 BIM 软件调研、分析和测试，形成软件方案。审核批准最终 BIM 软件方案，并在 IT 环境中全面部署。

（5）软件培训。BIM 软件培训按人员的熟练程度，主要分为三个层次：初级培训、中级培训、高级培训。

1）初级培训：针对未使用过 BIM 软件的人员。培训内容为 BIM 软件的基础功能和操作，是入门级的 BIM 技术培训。

2）中级培训：针对有一定 BIM 软件使用基础的人员。培训内容为 BIM 软件的各项功能、多专业协同的工作流程、方法及应用实践。

3）高级培训：针对 BIM 软件使用熟练的人员。培训按若干个专题开展进阶式培训，并推广试点项目中的应用经验，使得参与人员全面掌握各 BIM 软件的应用技巧和方法。

（6）在 BIM 平台初始化工作空间，主要包括以下几个方面：

1）建立 BIM 模型工作目录。

2）建立图文档工作目录。

3）人员账号分配。

4）权限分配。

（7）建立通用模板库、构件库。建立各专业的 BIM 模板库、构件库，以资源复用及共享为工作目标，提高 BIM 应用的效率。

2.2.2 硬件环境建设

企业 BIM 硬件环境建设需要充分考虑数据存储容量、并发用户数、使用效率、数据吞吐能力、系统安全性、运行稳定性等因素，支持多用户在线协同、数据存储、分析计算、仿真模拟、图形渲染等应用。企业可对现有的硬件资源进行评估、整合，制定 IT 基础架构，形成具体实施方案。企业硬件环境建设方案可分为服务器建设和个人用户应用硬件资源配置两个层级。

（1）服务器建设。BIM 软件及平台对计算能力和图形处理能力提出了高要求，需配备高性能的服务器，可采用硬件服务器、服务器虚拟化、云服务器等部署方案。

1）硬件服务器建设方案。BIM 硬件服务器即为传统物理服务器（包括处理器、硬盘、内存、系统总线等），根据应用 BIM 软件的人数，由多台物理工作站组成，运行较稳定，但维护、运行、升级成本高。此方案资源分配灵活性较差，若配置规划不当，会在用户协同并发数较高时出现瓶颈，从而造成资源浪费。

2）服务器虚拟化建设方案。对于 BIM 硬件资源需求较大的企业，可搭建基于虚拟化技术的 IT 基础架构平台，用于支持 BIM 软件的运行。其总体思想是通过虚拟化产品在各种硬件上的部署，使应用程序能够在虚拟的计算机元件基础上运行，脱离对硬件的直接依赖，实现硬件资源的重新分配与整合，以便更合理、更高效地利用这些资源，最终实现简化管理、优化资源的目标。目前，虚拟化已经从单纯的虚拟服务器成长为虚拟桌面、网络、存储等多种虚拟技术，可以为企业建立良好的 BIM 应用环境。服务器虚拟化使系统便于集中管理运行，节省了软、硬件维护成本。服务器虚拟化在节能、人力、投入上都非常有优势，安全性也较高，同时大大降低了硬件成本，提高了管理效率。

3）云服务器建设方案。云服务器是一种简单高效、安全可靠、处理能力较好的计算服务。其管理方式比物理服务器更简单高效，无需提前购买硬件，即可迅速创建或释放任意多台云服务器，提供较高性能的硬件设置，包括个人应用配置及服务器配置。目前阿里云、华为云等公有云均支持 BIM 软件的云部署。此种模式成本较低，但在个人或 BIM 协同应用时，工作效率受网络的影响较大。同时，水利水电一些工程保密数据，不能通过网络方式在公有云中进行协同。

（2）个人用户硬件资源配置。个人用户硬件资源配置主要支持用户建模、BIM协同、BIM应用。表2.2-3给出了用户基本配置、标准配置、高级配置建议。

表2.2-3　　个人用户硬件资源推荐表

类　型		基本配置	标准配置	高级配置
适用范围		局部设计/应用建模 模型构件建模	多专业协同 精细展示 模拟及计算分析	多专业协同 精细、渲染展示 总装/大规模集中展示 模拟及计算分析
适用人员		适合大多数工程人员使用	适合BIM骨干人员、计算分析人员、展示汇报人员使用	适合BIM骨干人员、计算分析人员、展示汇报人员使用
配置建议	CPU	双核及以上 2.6GHz及以上	4核及以上 3.0GHz及以上	4核及以上 3.3GHz及以上
	内存	8GB RAM及以上	16GB RAM及以上	32GB RAM及以上
	显卡	独立显卡	独立显卡	独立显卡
	硬盘	普通硬盘+固态硬盘	固态硬盘	固态硬盘

2.3　组织建设

企业BIM的实施要结合企业的战略要求和组织架构，对现有组织机构、管理模式、管理流程做出调整，设置BIM机构，组建BIM团队，培养BIM人才。企业有三种较为典型的BIM团队组织模式。

（1）设立独立BIM专业团队的模式。该实施模式是指在企业内部设立专门的BIM机构，总体负责BIM的实施和推广工作，为其他部门、专业、项目提供模型创建、碰撞检查、专业综合、性能分析等BIM技术支持和解决方案。

这种模式不会对现有生产方式产生大的影响，而是通过典型项目BIM实施，积累经验，直接或间接地影响业务部门员工对BIM的认知和理解，为全员推广BIM奠定基础。

此方式通常是在企业已有的信息化部门内扩充BIM人员，建立BIM团队。该团队在BIM实施和推广过程中的主要工作职责是引领和推动企业的BIM技术应用和实施，服务于企业的主要专业和重点业务。在完成企业的BIM技术推广和普及工作之后，企业员工具备了BIM应用能力，BIM团队或回归专业部门，或继续以BIM应用为导向，更加深入地挖掘BIM的价值。

（2）企业全员、全专业、全流程的模式。该实施模式是指企业整体推动

BIM的方式。要求在一定时限内实现企业内部全专业、全人员、全流程的BIM应用，并完成相应的资源配套和标准规范。

这种模式通常是由企业主要决策者组成BIM领导小组和BIM工作小组。通过若干典型项目实践，培养各部门各专业BIM应用骨干，逐步积累BIM应用经验和资源，最终实现全员BIM应用。此方式基于实际业务展开，更利于BIM经验的快速积累及BIM相关标准和制度的建立。与第一种模式相比，全员模式没有专门的BIM支持部门，需要企业在短时间内培养大批BIM技术人员，BIM数据管理一般仍由企业信息中心承担。

这种模式需要有充分的资源投入和很强的执行力，实施期间对生产的影响比较大，具有较大的风险。

（3）BIM工作外委的模式。该实施模式是指企业有明确BIM需求，但人力资源较紧张，或企业内部缺少BIM专业人才、缺乏BIM实施能力时，采用项目外包或人力资源外包。

这种模式一般在实施初期或人力资源紧张的情况下采用，成本相对较低，但很难获得BIM能力。

综合以上分析，企业可通过设立企业BIM领导小组、BIM机构，保障BIM技术的推广实施，同时可在试点项目中设立项目BIM机构。表2.3－1给出了企业可设立的BIM机构、人员构成及工作职责。

表2.3－1　企业可设立的BIM机构、人员构成及工作职责

机构名称	人员构成	工作职责
企业BIM领导小组	由企业领导任组长，成员由企业领导、企业数字化、信息化主管组成	（1）负责指导、审核、批准BIM应用发展规划和阶段实施计划； （2）督查落实年度计划编制、年度计划完成情况； （3）审核、批准BIM标准、规范、研究成果； （4）审核、批准BIM相关重大决策； （5）批准成立； （6）协调BIM资源，组建项目BIM机构； （7）指导、督查项目BIM工作； （8）BIM考核与绩效管理
企业BIM机构（BIM团队）	由企业数字化主管任组长，成员为企业BIM技术骨干	（1）负责企业BIM实施的全面推进工作； （2）BIM解决方案制定； （3）BIM标准规范编制； （4）BIM软硬件选型； （5）BIM人员培养； （6）开展BIM技术支持； （7）督查、落实项目BIM年度计划编制、年度计划完成情况

续表

机构名称	人员构成	工　作　职　责
项目BIM机构	由项目经理担任组长，成员为项目各生产部门（设计、施工、运维等）负责人	（1）制定BIM生产部门的成果要求； （2）制定BIM协同的工作要求； （3）负责项目BIM相关应用的进度、质量； （4）负责项目BIM资源协调； （5）项目BIM考核与绩效管理
专业部门BIM团队	抽调水利水电各专业部门技术人员组成	（1）负责各专业BIM技术能力建设与应用推广； （2）各专业BIM标准及作业指导书编制； （3）各专业BIM应用成果质量管理

企业BIM实施过程中各机构、组织需要增设BIM相关的岗位，以适应新的变化。企业BIM岗位见表2.3-2。

表2.3-2　企　业　BIM　岗　位

机构	岗位	职责及能力要求	数量	备注
企业BIM领导小组	BIM总工	（1）企业BIM规划、实施、发展的总负责人，企业数字化/信息化领导； （2）组织筹建企业BIM领导小组； （3）牵头制定企业BIM技术方针、路线； （4）决策企业BIM重大事项； （5）综合协调企业BIM资源	1～2人	
	BIM委员	（1）企业管理人员，数字化/信息化专家； （2）协助BIM总工开展BIM规划、实施等方针及技术路线制定； （3）统筹管理企业级BIM事项； （4）筹备及管理企业BIM机构	3～5人	
企业BIM机构（BIM团队）	BIM领导	（1）企业管理人员，数字化/信息化专家，BIM技术专家； （2）项目管理经验丰富，有很强的执行推动力； （3）筹建及管理BIM团队； （4）负责主持执行企业BIM技术方针及路线； （5）负责企业BIM技术及应用的总体推广； （6）负责项目BIM执行及履约的总体目标	1～2人	

续表

机构	岗位	职责及能力要求	数量	备注
企业BIM机构（BIM团队）	BIM实施工程师	（1）BIM技术骨干，具有丰富的BIM技术应用经验； （2）具有较深的水利水电工程项目经验； （3）学习及创新能力强，有很强的沟通协作能力； （4）负责BIM技术方针的实施； （5）负责企业、项目的BIM技术解决方案、技术路线； （6）负责BIM技术支持； （7）负责BIM应用培训； （8）负责BIM新技术研究，包括新技术及软件学习与测试，二次开发软件学习与测试； （9）BIM技术内外部交流； （10）负责BIM标准、作业指导书编制； （11）在水利水电工程项目中担任BIM项目助理，负责项目BIM的成果交付与成果质量，在项目中进行内外协同沟通	5～10人	根据企业规模或项目需求确定，可抽调各专业技术人员组成
	BIM研发工程师	（1）软件研发人员，熟悉BIM软件原理及特点； （2）学习及创新能力强，有很强的沟通协作能力； （3）负责BIM软件二次开发； （4）负责BIM新技术研究； （5）负责提升优化企业BIM平台、软件效率，解决各类BIM技术问题	3～5人	依据企业规模或规划，可不设立该岗位
	BIM运维工程师	（1）IT技术人员，负责BIM软硬件的运行与维护，保障运行的稳定性； （2）BIM平台及软件的维护及升级； （3）项目数据备份、数据监控、应急响应、故障排除等； （4）能够熟练排查运维过程中出现的服务故障、系统故障、网络故障； （5）配合应用及开发需求，测试及调整； （6）保障服务器与数据库安全	3～5人	根据企业BIM服务器的实际情况确定

续表

机构	岗位	职责及能力要求	数量	备注
项目BIM机构（项目BIM团队）	项目BIM经理	（1）项目经理或项目主要负责人兼任； （2）负责领导水利水电工程项目BIM相关工作； （3）负责组建项目团队，明确职能分工； （4）协调内外部BIM资源； （5）审核项目BIM应用的绩效及目标制定与考核	1～2人	由项目规模确定
	项目BIM主管	（1）负责制定水利水电工程BIM应用的任务计划； （2）项目BIM应用的绩效及目标制定与考核； （3）协调项目BIM资源； （4）审核项目BIM技术方案； （5）负责项目BIM成果的整体性，质量与进度等	1～2人	
	项目BIM助理	（1）由企业BIM组织中BIM实施工程师担任； （2）负责水利水电工程项目BIM技术支持，解决项目过程中的各类BIM应用问题，保障项目BIM应用的稳定性； （3）负责确保项目BIM相关工作顺利实施，制定符合项目特点的技术方案； （4）制定项目BIM工作任务书； （5）参与项目各方的BIM协调会； （6）协助项目BIM主管的日常工作； （7）负责项目BIM成果的质量、进度等； （8）负责BIM数据在项目全生命期的传递与协同； （9）负责项目BIM模型整体性，根据项目进度对BIM模型进行检查与维护； （10）负责项目BIM数字交付； （11）负责项目BIM数据的备份	1～5人	
	项目BIM运维管理	（1）负责项目BIM工作的软硬件环境； （2）负责项目BIM数据的备份； （3）确保项目BIM工作的稳定性、可靠性	1～2人	

2.4　BIM标准建设

企业在BIM实施时，应首先建立BIM标准，包括BIM技术标准及管理标准（管理制度），保障企业BIM实施及应用的规范性，建立BIM技术应用的奖惩机制，让更多人员参与到BIM应用中来，使BIM技术应用得到不断推广和发展。企业的BIM标准体系可按照水利水电BIM联盟规划的三大类标准进行建设，包括BIM数据标准、BIM应用标准及BIM管理标准。企业BIM标准体系见图2.4-1。

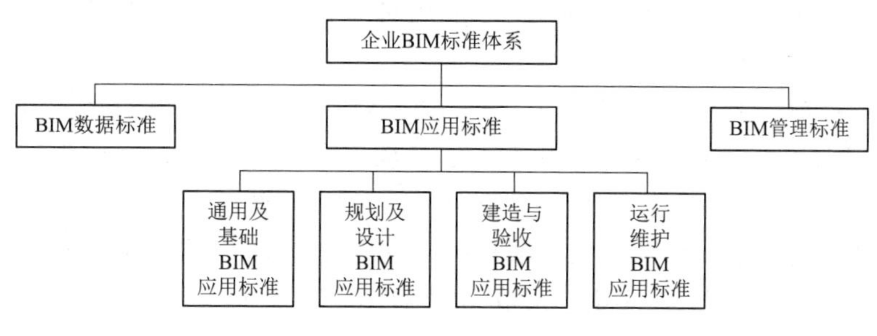

图2.4-1　企业BIM标准体系

（1）BIM数据标准。用于指导和规范水利水电工程BIM软件开发，是面向IT工具的标准。

（2）BIM应用标准。是指导和规范水利水电工程专业类及项目类BIM技术应用的标准。根据水利水电工程特点和对BIM技术的应用需求，分为通用及基础、规划及设计、建造与验收、运行维护四个类别。

（3）BIM管理标准。是指导和规范水利水电工程项目管理的标准。

2.5　BIM资源库建设

BIM资源建设主要包括BIM基础环境建设、BIM软件研发、BIM构件库建设。

（1）BIM基础环境建设。BIM软硬件环境的基础配置，包括系统设置、人员分组、人员角色、人员权限、专业及项目应用基础信息等类目，以及服务器运行维护、数据备份等工作。

（2）BIM软件研发。根据应用需求及业务规划开展BIM软件研发工作，主要包括基于BIM软件、平台的二次开发，目的是弥补BIM软件专业化程度不足的问题，提高软件、平台的适用性，促进BIM软件的普及应用。

（3）BIM构件库建设。建设水利水电各专业BIM资源库以提高BIM应用的标准化水平及应用的工作效率，主要包括项目骨架、项目样板，各专业BIM基础资源库［标准件库、项目模板（UDF）等］。

2.6 BIM项目试点

BIM试点应用主要包括以下步骤：

（1）试点项目的选择。试点项目的选择主要从业务需求、综合性、可落地性等方面开展。

1）可根据企业BIM规划或业主BIM应用需求，选择项目开展试点应用。

2）选择项目时可选择规模较大、综合性强、设计或施工等难度较大的项目，应用BIM技术开展试点应用，能发挥BIM技术可视化、协调性、协同性、一体化等特点，对指导后续项目应用具有良好的示范效应。

3）也可选择项目综合性强，项目周期较短的工程，在短时间内开展BIM技术的全专业、全过程试点应用，形成BIM技术应用的工作方法。

4）选择BIM模型在施工及运维管理阶段价值突出的项目。

（2）试点项目的BIM策划。在策划内容中，主要包括确定项目的BIM应用目标、人力资源配置，软硬件平台搭建，策划相关技术标准等。

（3）试点项目BIM实施。根据策划要求，形成BIM应用流程及进度安排，并严格按照相关的标准和要求进行推进。

（4）试点项目BIM成果总结。根据实施内容，总结成果和经验，并作为企业进行全面推广和普及的技术支撑。

2.7 BIM实施模式

BIM项目实施主要包含以下三种应用模式：

（1）在项目全阶段全专业应用BIM技术。

（2）在项目特定专业或工程部位上应用BIM技术。

（3）根据项目阶段需求在某一阶段或多个阶段应用BIM技术。

对于有一定规模、复杂程度较高或总承包项目，建议全面综合应用BIM技术，在设计阶段开展三维可视化建模、协同设计、分析、计算及出图；在施工阶段基于BIM模型进行施工深化设计、施工仿真模拟、进度及质安控制；在运维阶段基于BIM模型进行可视化运维管理、资产管理。

2.7.1 工作组织

项目 BIM 组织架构主要包含项目型团队与 BIM 型团队两种模式。

（1）项目型团队。该模式下 BIM 技术的应用融入各部门工作流程中。项目全员或项目团队成员一人多职，原有工作模式发生转变。各专业人员直接作为 BIM 执行人员，全过程参与 BIM 技术应用，最终实现项目 BIM 工作的全员参与。项目 BIM 机构负责 BIM 应用的技术支持、数字交付及考核管理。在设计或施工阶段，应分别设立 BIM 主管，负责项目各专业的 BIM 应用及成果质量。项目型 BIM 工作团队见图 2.7－1。

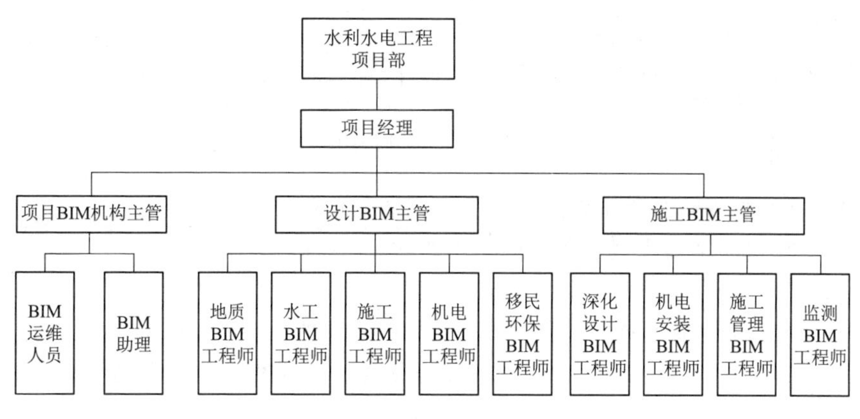

图 2.7－1　项目型 BIM 工作团队

（2）BIM 型团队。该模式下项目部组建 BIM 团队，负责建模与模型维护。BIM 团队根据设计或施工要求，创建及应用 BIM 模型，辅助工程提高质量与效益。根据实际情况，可由企业 BIM 机构组建 BIM 团队，参与项目 BIM 实施，也可进行 BIM 工作外委，项目各专业技术人员指导 BIM 各项工作的开展。BIM 工作完成后，由项目部负责验收 BIM 成果。BIM 型团队一般应用于企业 BIM 实施初期，企业各专业还未具备相应的 BIM 技术应用能力，或应用于人力资源不足的情况。BIM 型团队见图 2.7－2。

2.7.2 工作流程

水利水电工程项目 BIM 实施工作流程包括实施准备、实施策划、实施应用、实施交付及实施管理等。

2.7.2.1 实施准备

项目 BIM 应用开展前，应对项目的 BIM 软硬件环境、项目的基础准备工作

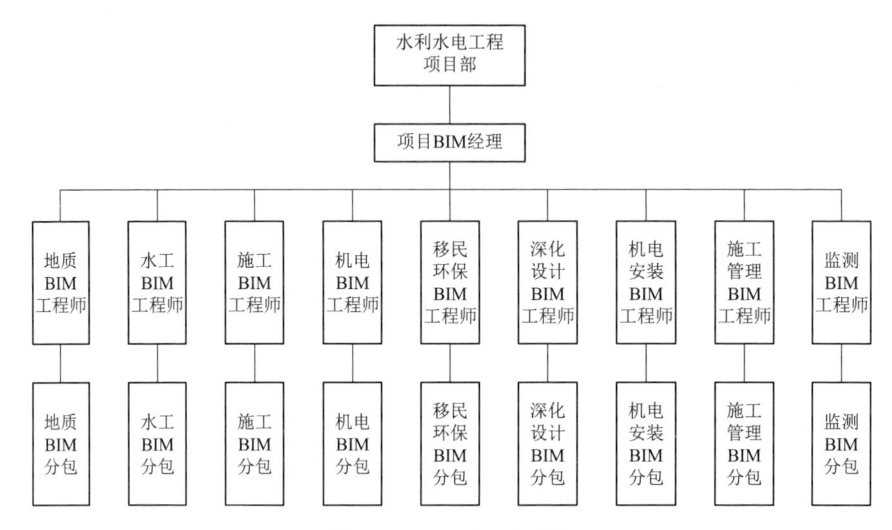

图 2.7－2　BIM 型团队

（如模板、族库等）基础工作进行准备，主要工作过程包括以下几个方面：

（1）在协同平台上建立项目的工作空间。

（2）管理账号及分配项目人员工作权限。

（3）确认企业模板库、构件库在项目中的复用性或新建项目模板库、构件库。

（4）确定各项目 BIM 工作样板、基础文件、工作标准，统一命名、材质-颜色等。

（5）建立项目 BIM 基准骨架、基础坐标。

2.7.2.2　实施策划

项目 BIM 实施策划包括任务分解及工作量估算，结合项目当前阶段要求，明确专业负责人，确定各专业要完成的内容及要求，主要包括模型精细度、交付要求等。同时评估工作量，制定进度计划。项目 BIM 的实施策划包含项目 BIM 策划书、项目 BIM 工作计划书等内容，可由项目 BIM 机构负责项目 BIM 质量、进度、资源协调等工作。项目 BIM 策划的内容见表 2.7－1。

表 2.7－1　　项目 BIM 策划的内容

序号	名　称	内　容
1	项目 BIM 策划书	（1）项目 BIM 工作的总体目标； （2）项目资源、软硬件需求； （3）项目 BIM 工作年度分解； （4）项目质量、进度总体要求； （5）项目 BIM 实施及应用绩效考核要求

续表

序号	名　称	内　容
2	项目 BIM 工作计划书	（1）项目年度 BIM 工作任务详细计划，与项目生产进度相匹配； （2）项目 BIM 实施人员配置； （3）项目年度绩效目标及要求； （4）项目 BIM 工作范围、工作重点及工作难点； （5）项目 BIM 工作流程、方式； （6）项目 BIM 标准化工作要求
3	项目人员 BIM 工作说明书	对项目 BIM 实施过程的人员岗位、职责、权限、工作任务等进行说明
4	项目 BIM 工作管理章程	项目 BIM 实施的管理办法，与企业 BIM 项目管理章程一致

2.7.2.3　实施应用及交付

项目实施应用内容详见本指南第 3～5 章，对水利水电工程 BIM 应用的目标、工作流程及方法进行了详尽的总结。项目 BIM 交付应满足《水利水电工程设计信息模型交付标准》（T/CWHIDA 0006—2019）的相关要求，交付的模型精细度应以模型单元的几何表达精度和信息深度进行描述。信息模型所包含的模型单元应分级建立，可嵌套设置，分级应符合表 2.7-2 的规定。

表 2.7-2　模型单元的分级

模型单元分级	模型单元用途
项目级模型单元	承载项目、子项目或局部工程对象信息
功能级模型单元	承载完整功能的系统或空间信息
构件级模型单元	承载单一的构配件或产品信息
零件级模型单元	承载从属于构配件或产品的组成零件或安装零件信息

信息模型包含的最小模型单元应由模型精细度等级衡量，模型精细度基本等级划分应符合表 2.7-3 的规定。根据工程项目的应用需求，可在基本等级之间扩充模型精细度等级。

表 2.7-3　水利水电工程信息模型精细度基本等级划分

等　级	英文名	简　称	所包含的最小单元模型
1.0 级模型精细度	Level of model definition 1.0	LOD1.0	项目级模型单元
2.0 级模型精细度	Level of model definition 2.0	LOD2.0	功能级模型单元
3.0 级模型精细度	Level of model definition 3.0	LOD3.0	构件级模型单元
4.0 级模型精细度	Level of model definition 4.0	LOD4.0	零件级模型单元

几何表达精度的等级划分应符合表2.7-4的规定。

表2.7-4 水利水电工程信息模型几何表达精度的等级划分

等 级	英 文 名	简称	几何表达精度要求
1级几何表达精度	Level 1 of geometric detail	G1	满足二维化或者符号化识别的需求
2级几何表达精度	Level 2 of geometric detail	G2	满足空间占位、主要颜色等粗略识别的需求
3级几何表达精度	Level 3 of geometric detail	G3	满足建造安装流程、采购等精细识别的需求
4级几何表达精度	Level 4 of geometric detail	G4	满足高精度渲染展示、产品管理、制造加工准备等高精度识别的需求

模型单元信息深度的等级划分应符合表2.7-5的规定。

表2.7-5 水利水电工程信息模型信息深度的等级划分

等 级	英 文 名	简称	信息深度要求
1级信息深度	Level 1 of information detail	N1	宜包含模型单元的身份描述、项目信息、定位信息等
2级信息深度	Level 2 of information detail	N2	宜包含和补充N1等级信息，增加结构尺寸、组件构成、关联关系等
3级信息深度	Level 3 of information detail	N3	宜包含和补充N2等级信息，增加技术信息和建造信息等
4级信息深度	Level 4 of information detail	N4	宜包含和补充N3等级信息，增加资产信息和维护信息等

2.7.2.4 实施管理

水利水电BIM项目应用过程中，通过BIM管理对项目BIM成果的质量、进度进行管控。

（1）自查及会审制度。BIM模型的审核是确保最终模型准确性的重要手段。审核的主要目的是保证模型的规范性、标准性，并与设计图纸、现场施工一致，满足工程建设要求。在项目实施过程中建立模型自查制度、模型会审制度。

可由项目BIM机构牵头定期开展可视化BIM会审会商，主要进行以下工作：

1）项目各专业BIM工作协调。

2）项目BIM资源的协调。

3）项目可视化会商管理，通过BIM会审进行BIM模型的整合、定版。

4）项目BIM实施过程中BIM应用问题的集中解决。

5）基于BIM模型的方案讨论。

（2）质量管理及进度管理。在模型质量及进度控制中应包括以下内容：

1）模型完整性检查：指BIM模型中所应包含的模型、构件等内容是否完整。

2）建模规范性检查：指BIM模型的命名、颜色、属性、交付精度、格式等是否符合任务书及相关标准的要求。

3）技术指标检查：指BIM设计或应用是否符合相关规范要求。

4）模型协调性检查：指BIM模型多专业协同及其关联关系的检查，如碰撞检查、空间位置关系确认等。

5）进度检查：指BIM模型是否满足项目BIM工作计划或工程进度的相关要求。

（3）绩效考核。项目BIM应用考核基于BIM应用策划及相关工作目标，考核的内容依据阶段不同，考核的重点不同，主要包含以下几个方面：

1）项目BIM模型精度是否满足要求。

2）项目BIM建模规范性是否满足要求。

3）项目BIM模型是否满足当前阶段的应用深度。

4）项目BIM模型是否符合BIM多专业协同的要求。

5）项目BIM模型数据是否满足数字交付的要求。

6）项目BIM模型的更新与维护是否满足应用需求。

根据工作计划与考核执行情况，形成项目BIM工作考核简报，项目部根据考核情况动态调整BIM工作安排，整体协调项目BIM内外部资源，主要包括以下几个方面：

1）项目BIM建模的按期完成率。

2）项目BIM应用的按期完成率。

3）项目BIM工作整体的阶段完成度。

4）项目BIM工作与工程进度的匹配度，是否需要进行工作任务的调整。

2.8 BIM推广及全面应用

BIM全面应用是指BIM软件作为工作过程中的常规工具，在技术、体系及管理等各方面已成熟稳定，是一种常态化的工作模式。BIM推广是指在BIM建设及试点应用的基础上，在企业内开展BIM技术的推广，主要包括以下几个方面：

（1）将形成的 BIM 作业指导书、标准及方法进行推广。

（2）BIM 管理体系宣贯。

（3）总结试点项目中 BIM 技术的应用成效及亮点，并进行宣传与推广。

（4）开展 BIM 技术培训。

（5）开展 BIM 研发成果推广。

（6）根据年度或规划目标，在更多的项目中开展应用、考核及奖励。

（7）开展 BIM 技能及应用竞赛。

（8）在已有工作基础上进一步进行 BIM 技术、管理方法的改进与提升。

（9）开展内外部之间的 BIM 技术交流。

第3章

设计阶段 BIM 应用

在设计阶段应用 BIM 技术能够提高设计效率和质量，缩短设计周期，提高设计水平。设计阶段 BIM 应用以三维协同设计为核心，通过建立标准化 BIM 应用流程，开展多专业协同、参数化设计、仿真分析、碰撞检查、可视化展示等应用，从而实现更有效的设计协同管理，取得更优的设计成果，并为施工、运营阶段提供基础数据。

3.1 应用目标

BIM 应用随着设计阶段的逐渐深入，层层递进。BIM 技术的应用涵盖设计的全专业、全过程，包括测绘、地质、水工、机电、施工、监测、移民、环保等专业的应用。

3.1.1 水利工程应用目标

（1）项目建议书及可行性研究阶段 BIM 应用主要目标如下：

1）场地现状仿真。

2）土地利用、交通规划、交通影响模拟。

3）工程选址及选线。

4）地形和地质分析。

5）方案比较、展示、评审、策划。

6）工程投资估算。

（2）初步设计阶段应用主要目标如下：

1）方案展示。

2）建筑物尺寸确定及设备比选。

3）初步设计工程量统计。

4）工程投资预算。

5）工程仿真分析。

（3）招标设计阶段应用主要目标如下：

1）各专业三维协同设计。

2）方案可视化展示、比较与决策。
3）设计优化，含碰撞检查、净空分析等。
4）工程量统计及投资概算。
5）工程分析与仿真。
6）进度规划与模拟。
（4）施工图设计阶段应用主要目标如下：
1）各专业三维协同设计。
2）二维图纸输出。
3）设计方案三维可视化交底。
4）施工图设计优化。
5）工程量与材料清单统计。
6）工程投资概算。
7）工程分析与仿真。
8）进度规划与模拟。

3.1.2 水电工程应用目标

（1）预可行性研究阶段BIM应用主要目标如下：
1）场地现状仿真。
2）土地利用、交通规划、交通影响模拟。
3）工程选址及选线。
4）地形和地质分析。
5）方案比较、展示、评审、策划。
6）工程投资估算。
（2）可行性研究阶段应用主要目标如下：
1）可行性研究方案比较与决策、技术路线验证。
2）方案可视化展示。
3）建筑物尺寸确定及设备比选。
4）可行性研究方案工程量统计。
5）工程投资预算。
6）工程仿真分析。
（3）招标设计阶段应用主要目标如下：
1）各专业三维协同设计。
2）方案可视化展示、比较与决策。
3）设计优化，含碰撞检查、净空分析等。
4）工程量统计与投资概算。

5）工程分析与仿真。

6）进度规划与模拟。

（4）施工图设计阶段应用主要目标如下：

1）各专业三维协同设计。

2）二维图纸输出。

3）设计方案三维可视化交底。

4）施工图设计优化。

5）工程量与材料清单统计。

6）工程投资概算。

7）工程分析与仿真。

8）进度规划与模拟。

3.2 应用流程

设计阶段 BIM 应用是通过共享和协作的工作模式，进行设计应用与数据的集成。BIM 应用流程主要包括 BIM 准备、BIM 协同设计、BIM 综合应用、校验及完善、BIM 成果交付，总体应用流程见图 3.2-1。

（1）BIM 准备。开展 BIM 实施策划，组建项目 BIM 团队，统一 BIM 应用的 IT 环境，建立项目 BIM 技术及管理标准。

（2）BIM 协同设计。基于各专业基础资料，创建项目的定位骨架/轴网，开展 BIM 设计及专业协同，如地质-水工协同，水工-机电协同等。根据项目阶段或应用要求，进行项目模型的组装，开展项目级的工作协同。

（3）BIM 综合应用。基于 BIM 模型开展设计应用，包括优化方案、仿真分析、工程算量、工程出图、施工模拟、VR 应用、GIS 应用等。

（4）校验及完善。校验 BIM 模型属性信息的正确性、完整性，根据 BIM 交付相关要求，进行属性信息的更新或完善。

（5）BIM 成果交付。形成水利水电工程设计信息模型并交付。

3.3 应用点

3.3.1 测绘

3.3.1.1 应用场景

测绘专业将 BIM 技术与激光扫描、倾斜摄影、无人机航拍、实景建模、水下测绘、GIS 等技术结合，获取工程区内基础数据，建立三维实景地形模型。

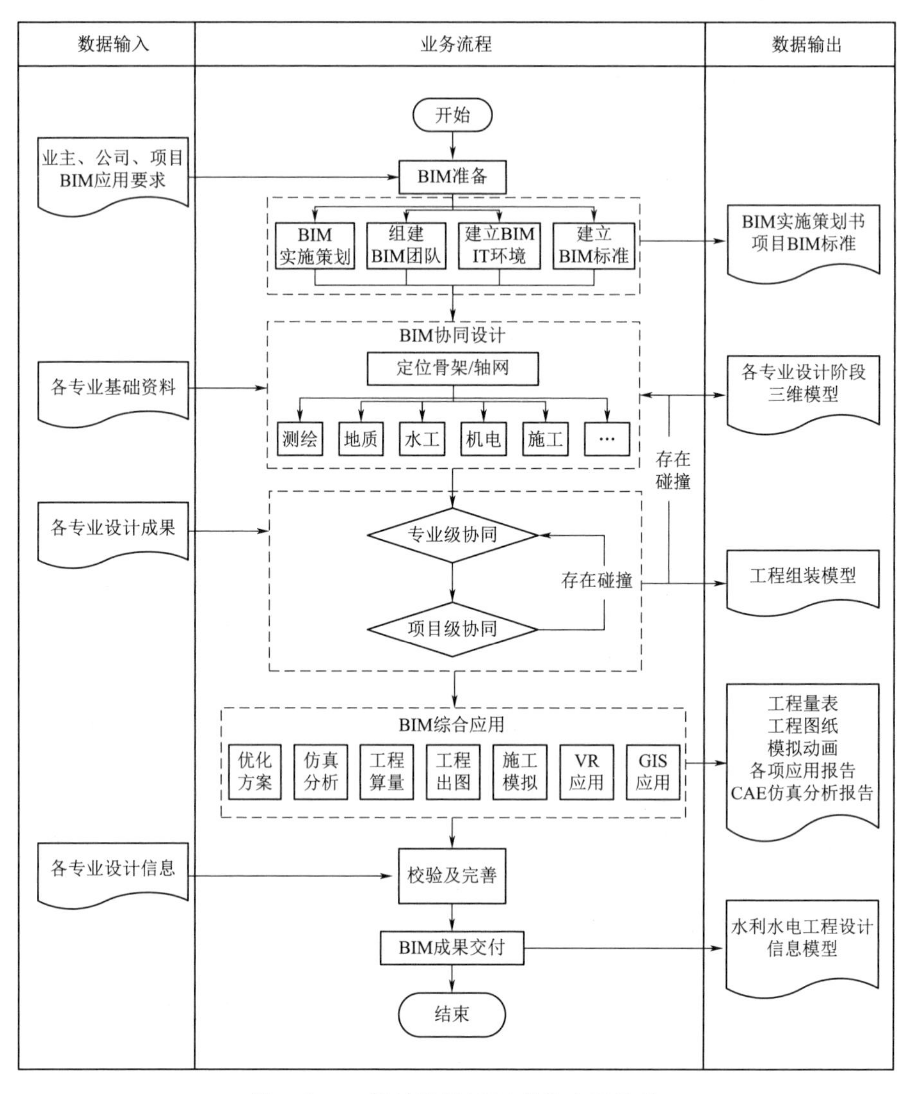

图3.2-1　设计阶段BIM总体应用流程

该模型一方面满足测绘专业出图需要，另一方面为工程设计奠定基础。测绘专业BIM应用主要包括以下内容：

(1) 工程控制网布置。水利水电工程控制测量是测绘工作的基础，利用BIM技术，在三维环境中，根据工程范围、位置、大小等信息合理布置工程控制网，形成位置基准，为进一步测绘工作提供统一的空间参考框架，以满足工程各阶段的测绘工作需求。

(2) 水下地形测量。利用BIM技术，将水下地形测量数据进行处理，生成水下三维地形图，由此可获得水深、水下地形地貌、水域面积等信息，通过与原始地形对比，可获得库区淤积冲刷信息。

(3) 基地现况建模。基于BIM技术，结合激光扫描、倾斜摄影等技术，对工程区域内地物、地貌、土质、植被等信息进行测绘，将工程区域现状通过三维模型直观呈现给设计人员，以此为基础进行工程布置规划及可行性研究。

(4) 水库库容计算。基于三维测绘成果，建立库区三维地形模型，结合不同高程的特征水位线、回水曲线与地形模型进行布尔运算，可精确计算不同特征高程所对应的特征库容，为水库设计提供依据。

(5) 集雨面积计算。在原始三维地形模型基础上，通过地形分析可快速计算坡面流向、描绘分水岭，将流域绘制成封闭区域，该封闭区域的面积即为集雨面积。

(6) 土方测算。基于三维测绘成果，可快速开展工程区内多块场地的使用规划，模拟场地平整、开挖、回填、土方量调运等过程，准确计算主要工程量，全面优化场地布置。

3.3.1.2 应用流程

测绘专业设计阶段BIM应用流程见图3.3-1。

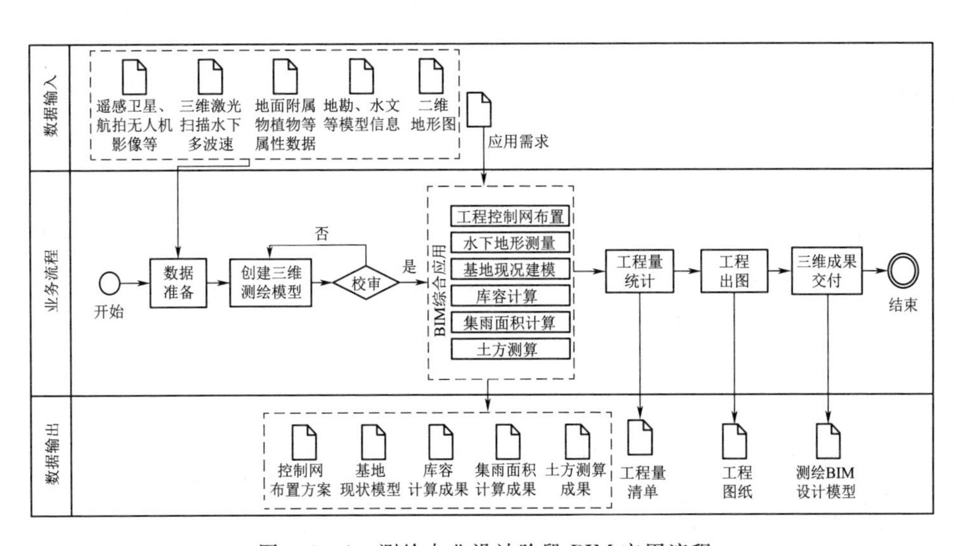

图3.3-1 测绘专业设计阶段BIM应用流程

(1) 数据准备。收集二维地形图、三维激光扫描、遥感卫星、倾斜摄影等地形信息数据，作为创建三维测绘模型的输入资料。

(2) 创建三维测绘模型。基于上述地形信息数据，创建三维测绘模型。

(3) BIM综合应用。基于校审完成的三维测绘模型，开展工程控制网布置、水下地形测量、基地现况建模、库容计算、集雨面积分析、土方测算等应用，并输出应用成果。

（4）工程量统计。基于三维测绘模型快速计算基础开挖回填、边坡开挖等工程量，输出工程量清单，并以此为依据进行工程投资概算。

（5）工程出图。基于校审完成的 BIM 模型，按需输出测绘专业工程图纸，包括地形平面图、剖面图等。

（6）三维成果交付。集成工程相关信息，交付测绘 BIM 设计成果。

3.3.1.3　应用成果

测绘专业设计阶段 BIM 应用成果主要包括以下内容：

（1）三维地形模型。

（2）工程控制网布置方案。

（3）基地现状模型。

（4）库容计算成果。

（5）集雨面积计算成果。

（6）土方测算成果。

（7）工程量清单。

（8）工程图纸。

3.3.2　地质

3.3.2.1　应用场景

地质信息具有多源异构、多模态、多时态、复合性等特点。以地质测绘、地质勘探数据为基础，构建涵盖地勘各专业，包含基础资料、过程信息、地质成果（含模型、属性）的地勘数据库，形成地勘数据中心，建立工程三维地质模型。模型一方面用于地质体三维分析及空间结构计算；另一方面用于二维出图、工程地质质量评价、与结构专业的协同设计等。地质专业 BIM 应用主要包括以下内容：

（1）基本地质条件分析。针对基本地质条件进行通常性数理统计、概率分析、优势分布情况分析、空间展布特点分析。其主要包括地层分析与统计、构造类分析、风化卸荷分析、水文地质分析（地下水、地表水、岩土渗透特性分析）、附加测试成果分析等单因素分析。

（2）测试成果分析。测试资料作为某一类地质特性分析的附加定量指标使用，是对岩土特性进一步的定量验证。基于三维地质模型可进行水文地质测试、物探测试、标贯、触探、RQD 等现场指标分析。

（3）工程地质分类。基于三维地质模型，对单项勘探或局部区域进行工程地质的初步分析与判断。包括工程地质归类，工程岩土体分层、分类等。

(4) 岩体质量分级。基于三维地质模型，通过最小化分段、特性提取、分级指标选取、质量评分等过程，进行岩体质量分级。

(5) 勘探布置。基于现有的三维地质模型，根据工程建设的需求，可在三维场景中快速进行新增勘探布置。

3.3.2.2 应用流程

地质专业设计阶段 BIM 应用流程见图 3.3-2。

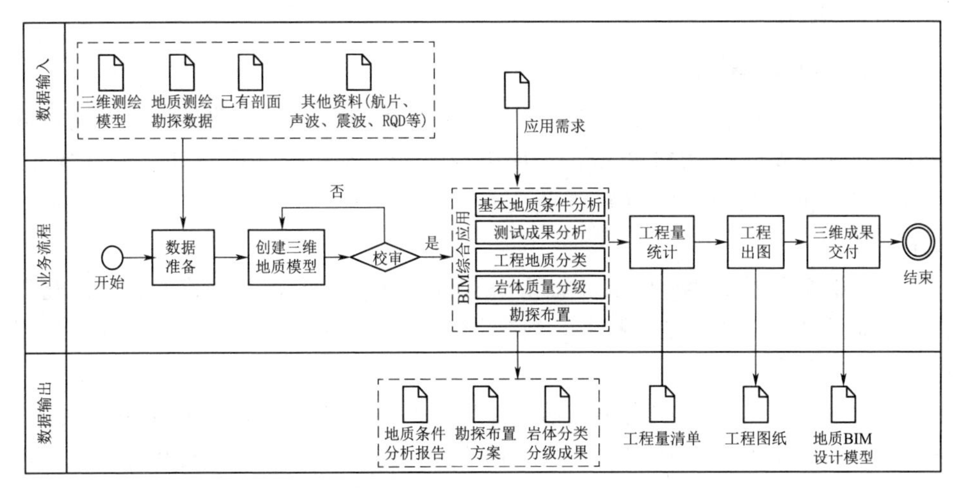

图 3.3-2 地质专业设计阶段 BIM 应用流程

(1) 数据准备。收集三维测绘模型、地质测绘数据、勘探数据、已有剖面数据以及建模所需要的其他资料（如航片、卫片、声波、震波、RQD、吕荣值等）作为创建地质三维模型的输入资料。

(2) 创建三维地质模型。根据已有数据及信息建立三维地质体，并基于分析成果、需求变化进行动态修正。

(3) BIM 综合应用。基于 BIM 模型，开展设计阶段地质专业 BIM 应用，包括基本地质条件分析、测试成果分析、工程地质分类、岩体质量分析、勘探布置等。

(4) 工程量统计。基于三维地质模型，可根据地质界面快速区分土方开挖、石方开挖，精确计算各项开挖工程量，并输出工程量清单。

(5) 工程出图。基于校审完成的三维地质模型，在任意位置批量生成各种平面图、剖面图。

(6) 三维成果交付。集成工程相关信息，交付地质 BIM 设计成果。

3.3.2.3　应用成果

地质专业设计阶段 BIM 应用成果主要包括以下内容：

（1）地质 BIM 设计模型。

（2）地质条件分析报告。

（3）工程岩体分类成果。

（4）勘探布置方案。

（5）工程图纸。

3.3.3　水工

3.3.3.1　应用场景

水工专业以测绘、地质等专业设计成果为基础，通过参数化、多专业协同设计，建立工程结构 BIM 模型，开展枢纽布置方案优化、边坡开挖设计优化、结构计算分析与仿真、三维可视化交底等应用，提高水工专业设计的质量和效率。

（1）枢纽布置设计及优化。基于 BIM 参数化、协调性、优化性、可视化等特点，通过骨架设计、参数控制，快速调整水工建筑物布置方案及尺寸，进行枢纽布置优化。

（2）边坡开挖设计及优化。通过参数化设计，设置不同的边坡开挖方案，基于三维地形模型快速创建不同设计方案的开挖边坡，自动生成开挖量，并进行边坡设计优化。

（3）结构计算与仿真分析。基于 BIM 模型开展水工结构安全计算与仿真分析，根据计算结果进行结构体型优化，提高设计质量。

（4）三维可视化交底。在设计交底过程中，通过三维可视化展示，将设计成果直观、清晰地展示给各参与方，有效提升各方沟通效率，提高设计交底的质量。

3.3.3.2　应用流程

水工专业设计阶段 BIM 应用流程见图 3.3－3。

（1）数据准备。收集三维测绘模型、三维地质模型、外部边界条件、设计计算书等作为创建水工设计模型的输入资料。

（2）创建水工设计模型。建立工作骨架或定位轴网，形成水工 BIM 协同设计的工作基础。开展协同设计并进行模型整合，形成水工设计模型。

（3）BIM 综合应用。基于水工设计模型开展枢纽布置设计及优化、结构计算分析优化、边坡开挖设计及优化、三维可视化交底等应用。

（4）工程量统计。基于水工 BIM 设计模型，集成工程相关信息，按照工程

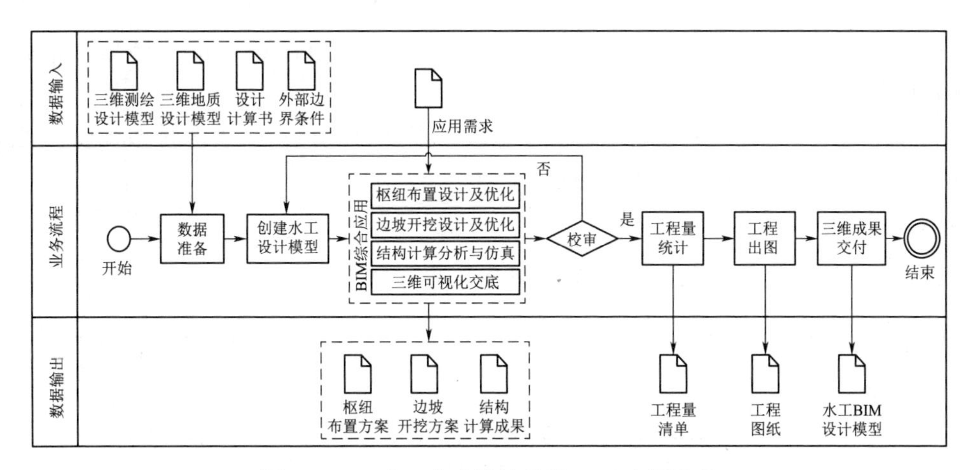

图 3.3-3 水工专业设计阶段 BIM 应用流程

需求，快速计算工程开挖量、水工建筑物结构工程量等，并输出工程量清单，并以此为依据进行工程投资概算。

（5）工程出图。基于水工 BIM 设计模型，快速输出水工专业图纸，包括平面图、立面图、剖面图、三维轴测图等，直观清晰地表达设计意图；当设计变更后，修改 BIM 模型，图纸随 BIM 模型联动更新。

（6）三维成果交付。集成工程相关信息，交付水工 BIM 设计成果。

3.3.3.3 应用成果

水工专业设计阶段 BIM 应用成果主要包括以下内容：

（1）水工 BIM 设计模型。

（2）枢纽布置方案。

（3）结构计算成果。

（4）边坡开挖方案。

（5）工程量清单。

（6）工程图纸。

3.3.4 机电及金属结构

3.3.4.1 应用场景

BIM 技术在机电及金属结构各专业通过参数化设计、协同设计实现设备选型、布置方案比选、管线综合、工程量统计、二维出图等应用，减少错、漏、碰、缺，提高机电设计的精度与质量。

（1）设备选型。运用 BIM 参数化的特点，在初步设计阶段，调用 BIM 设备库，快速调整设备主要尺寸，开展设备选型及布置。

（2）方案比选。在三维空间中，基于水工 BIM 模型，快速调用机电库，进行设备与管路布置，进行设计方案的比选，基于协同设计工作方案开展详细 BIM 设计。

（3）管线综合。根据机电 BIM 设计模型开展碰撞检查，管线排布优化，机电与土建结构的空间分析、空间优化等应用。

3.3.4.2　应用流程

机电/金属结构专业设计阶段 BIM 应用流程见图 3.3-4。

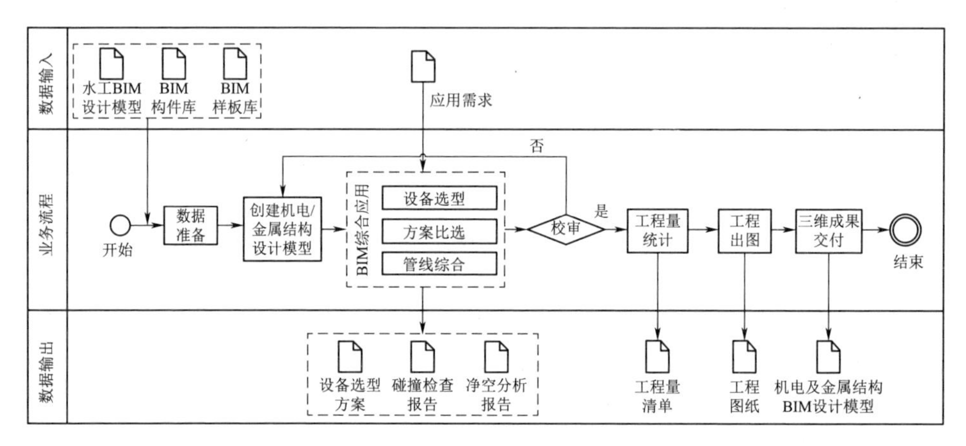

图 3.3-4　机电及金属结构专业设计阶段 BIM 应用流程

（1）数据准备。包括上游专业水工 BIM 设计模型、机电 BIM 构件库、工作样板、相关设计标准及规范等。

（2）创建机电/金属结构设计模型。在协同空间中基于骨架/轴网或土建 BIM 模型，开展水力机械、电气一次、电气二次、暖通、给排水、金属结构等各专业的 BIM 协同设计。

（3）BIM 综合应用。包括设备选型、方案比选、管线综合等，开展碰撞检查，管线排布优化，机电与土建结构的空间分析、空间优化等应用。

（4）工程量统计。基于机电及金属结构 BIM 设计模型，集成工程相关信息，准确输出机电设备、管线及配件的工程量清单，并以此为依据进行工程投资概算。

（5）工程出图。基于校审后的 BIM 模型，按需输出机电及金属结构专业二维图纸。

（6）三维成果交付。集成工程相关信息，交付机电及金属结构 BIM 设计模型。

3.3.4.3　应用成果

机电及金属结构专业设计阶段 BIM 应用成果主要包括以下内容：

（1）机电及金属结构 BIM 设计模型。

（2）设备选型分析报告。

（3）管线综合应用报告。

（4）工程量清单。

（5）工程图纸。

3.3.5 施工

3.3.5.1 应用场景

施工专业以测绘、地质、水工等专业 BIM 设计成果为基础，开展施工总布置 BIM 协同设计，实现施工导流布置、料场及渣场布置、施工生产系统布置、场内交通设计、土石方平衡等应用。

（1）施工导流布置及优化。基于三维地形、地质、水工建筑物布置模型，进行施工导流布置，并快速、准确地提取工程量信息，进行技术经济指标的比选。

（2）料场及渣场布置及优化。基于三维地形、地质、水工建筑物布置模型，进行料场及渣场选择，快速提取料场可开采量、剥采比、渣场堆渣量、占地面积、运输条件等数据，并确定最优的布置方案。

（3）施工生产系统布置及优化。基于三维地形、地质、水工建筑物布置模型，合理布置施工生产系统，快速进行场地空间冲突检查及布置优化，辅助完成施工生产系统布置设计。

（4）场内交通设计及优化。基于场内建筑物及临时设施布置，应用 BIM 技术，进行场内交通设计，通过仿真分析模拟场内交通情况，在特定约束条件下分析资源配置的合理性并进行优化。

（5）土石方平衡。利用 BIM 技术模拟场地平整、建筑开挖和场地回填等过程，获取各阶段土石方开挖、回填、堆放等情况，并进行土石方估算，生成土石方调配图表，用于分析挖填距离、需移动的土石方数量及移动方向，避免取存土冲突，减少重复开挖和回填。

3.3.5.2 应用流程

施工专业设计阶段 BIM 应用流程见图 3.3-5。

（1）数据准备。收集测绘、地质、水工等专业完成的 BIM 模型，作为创建施工设计模型的输入数据。

（2）创建施工设计模型。基于基础骨架/轴网，或在水工 BIM 模型的基础上，进行施工总布置设计。

（3）BIM 综合应用。开展施工导流布置优化、料场及渣场布置优化、施工

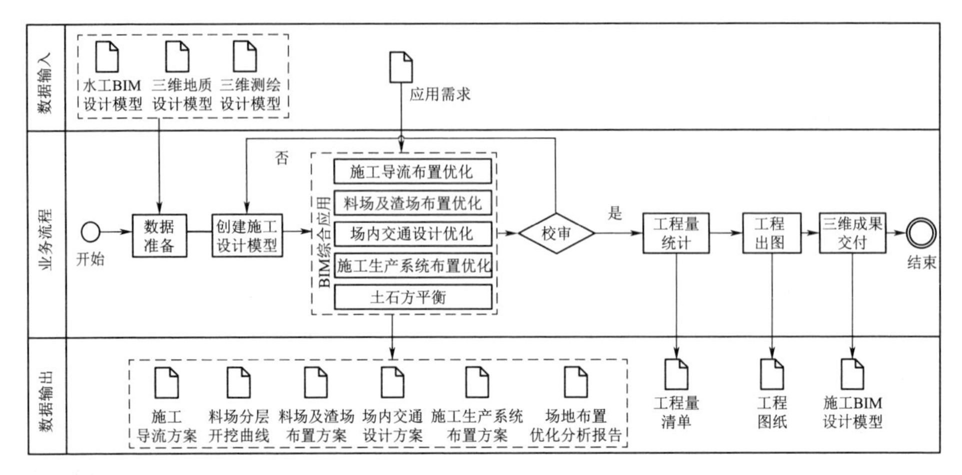

图 3.3-5 施工专业设计阶段 BIM 应用流程

生产系统布置优化、场内交通设计优化、土石方平衡等应用。

(4) 工程量统计。基于施工总布置模型，快速计算开挖、回填量，料场可用料储量、渣场堆渣量等，并输出工程量清单，并以此为依据进行工程投资概算。

(5) 工程出图。基于校审后的施工总布置模型，按需输出施工专业二维图纸。

(6) 三维成果交付。集成工程相关信息，交付施工 BIM 设计成果。

3.3.5.3 应用成果

施工专业设计阶段 BIM 应用成果主要包括以下内容：

(1) 施工 BIM 设计模型。

(2) 施工导流方案。

(3) 料场及渣场布置方案。

(4) 料场分层开挖曲线。

(5) 场内交通设计方案。

(6) 施工生产系统布置方案。

(7) 场地布置优化分析报告。

(8) 工程量清单。

(9) 工程图纸。

3.3.6 监测

3.3.6.1 应用场景

监测专业 BIM 应用，以 BIM 模型为基础，通过可视化的测点、测线布置，通视检查，实现平面监测网网点的快速放样以及网形的快速生成，合理优化监测设计；在三维空间中确定监测网布置及测量方案，减少设计工作量，提高设计效率。

（1）外观监测设计。基于三维模型，开展外观监测仪器空间布置与位置分析，确定测量方案，解决监测仪器（如正倒垂、多点位移计等）与结构的冲突问题，提高外观监测设计质量。

（2）监测控制网布置。基于三维模型，开展监测控制网可视化设计，快速放置测点，检查工作基点及测点之间的通视条件，优化布置方案，输出测点所在位置坐标，从而大幅减少现场踏勘工作量。

3.3.6.2 应用流程

监测专业设计阶段 BIM 应用流程见图 3.3－6。

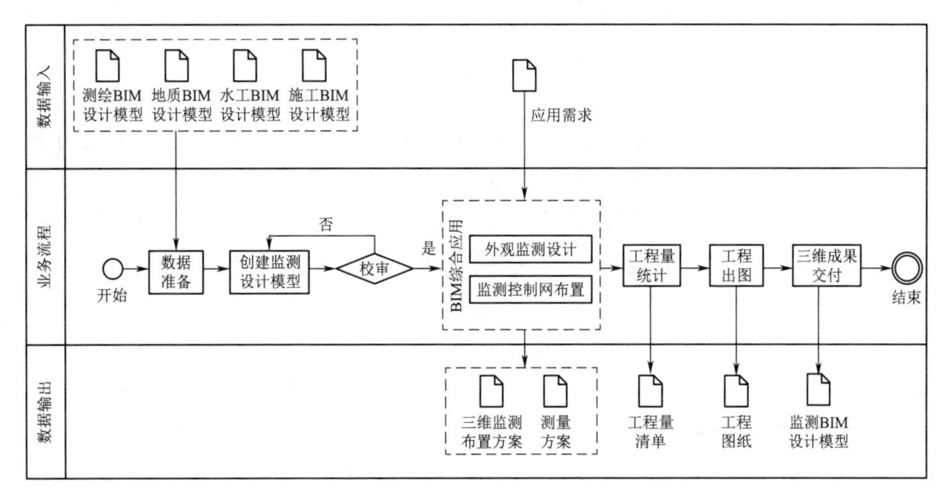

图 3.3－6 监测专业设计阶段 BIM 应用流程

（1）数据准备。收集整合测绘、地质、枢纽、施工总布置模型。

（2）创建监测设计模型。基于上游专业模型，整合监测设计的相关信息，创建监测设计模型。

（3）BIM 综合应用。基于 BIM 模型，开展监测专业设计工作，进行外观监测设计、监测控制网布置等 BIM 应用。

（4）工程量统计。根据应用需求进行工程量统计，并以此为依据进行工程投资概算。

（5）工程出图。基于校审后的 BIM 模型，按需输出监测专业工程图纸。

（6）三维成果交付。集成工程相关信息，交付监测 BIM 设计成果。

3.3.6.3　应用成果

监测专业设计阶段BIM应用成果主要包括以下内容：

(1) 监测BIM设计模型。

(2) 三维监测布置方案。

(3) 测量方案。

(4) 工程量清单。

(5) 工程图纸。

3.3.7　移民

3.3.7.1　应用场景

BIM技术在移民专业可用于移民安置点选址、用地平衡分析、竖向规划设计、移民安置点基础设施设计等，通过对移民村落、土地、房屋、道路等专项设施进行三维设计，将安置方案、安置效果等进行三维直观展示，为征地移民工作决策提供服务。

(1) 移民安置点规划选址。基于原始三维地形地质模型，通过仿真分析，选择便于排水、通风和地形地质条件适宜的地段，避开河洪、山洪、泥石流、冲沟、滑坡、风灾、地震断裂带等灾害影响及生态敏感的地段；通过竖向设计，选取合适的标高，尽量减少开挖回填量，选择对原有自然环境破坏较小的位置。

(2) 移民范围划定。基于三维地形模型，通过淹没高程、水库淹没面积、场地占地面积的分析计算，为征地红线、移民安置范围划定提供准确依据。

(3) 用地平衡分析。移民安置点规划中的居住、公共设施、道路广场及公共绿地四类用地占建设用地比例需满足相关规定，基于三维模型可快速获取各地块占地面积，分析计算所占比例是否满足要求，优化规划布置方案。

(4) 基础设施设计。基于三维地形地质模型，在安置点规划布置的基础上进行道路、场地、给排水、电力工程等基础设施设计，以提高设计精度。

3.3.7.2　应用流程

移民专业设计阶段BIM应用流程见图3.3-7。

(1) 数据准备。收集三维地形地质模型，以及移民安置相关要求作为移民设计输入资料。

(2) 创建移民设计模型。基于三维地形、地质模型，整合用于移民专业设计的相关信息，创建移民设计模型。

(3) BIM综合应用。基于BIM模型，开展设计阶段移民专业BIM应用，包

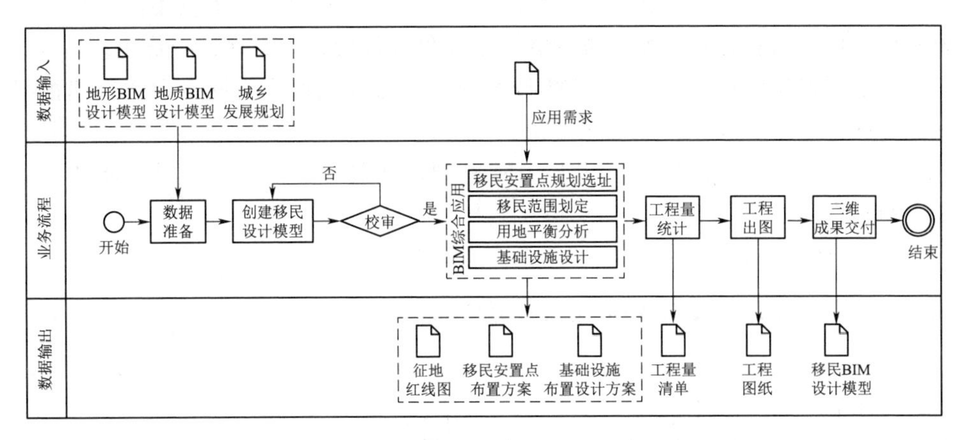

图 3.3-7　移民专业设计阶段 BIM 应用流程

括移民安置点规划选址、移民范围划定、安置点用地平衡分析、安置点基础设施设计等。

（4）工程量统计。根据应用需求进行工程量统计，并以此为依据进行工程投资概算。

（5）工程出图。基于校审后的 BIM 模型，按需输出移民专业工程图纸。

（6）三维成果交付。集成工程相关信息，交付移民 BIM 设计成果。

3.3.7.3　应用成果

移民专业设计阶段 BIM 应用成果主要包括以下内容：

（1）移民 BIM 设计模型。

（2）征地红线图。

（3）移民安置点布置方案。

（4）安置点基础设施设计成果。

（5）工程量清单。

（6）工程图纸。

3.3.8　环保

3.3.8.1　应用场景

BIM 技术在环保专业的应用能使方案更具可行性，BIM 技术在环保专业的设计应用主要包括可视化信息集成、方案布置设计与优化等。

（1）环保基础信息集成展示。基于 BIM 模型，将环评阶段专项调查收集的环境保护相关对象（区域、物种、监测断面等）的空间分布在模型中标识出来，直观展示环境基础信息。

（2）环保方案设计优化。基于 BIM 技术的可模拟性，利用收集的地域、气象和外部环境信息模拟方案，准确客观地评价环保设计方案并进行优化。

（3）环保设施设计。基于 BIM 技术，将环保设施作为空间对象进行建模或标识，展示对象空间分布和工程形象。

（4）环保监测站网设计。基于 BIM 模型，开展环保监测的设计，将监测设施空间布设情况进行展示。

3.3.8.2　应用流程

环保专业设计阶段 BIM 应用流程见图 3.3－8。

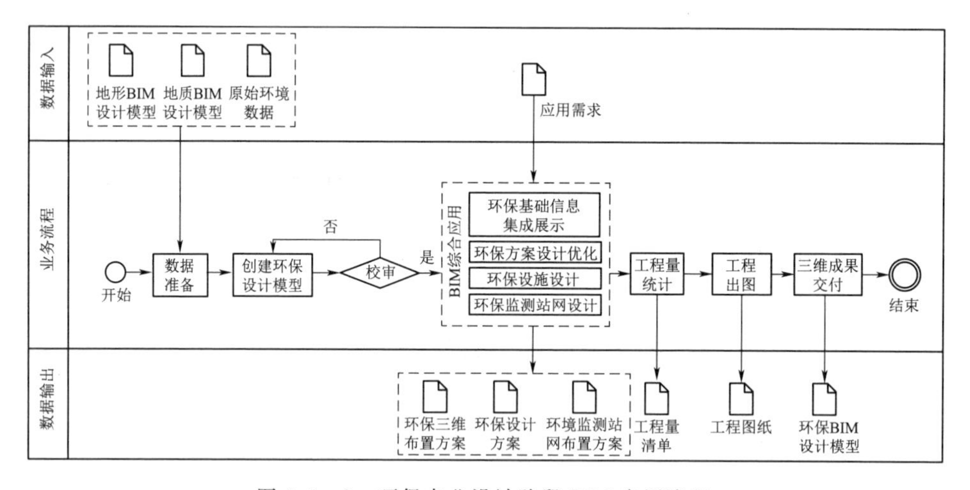

图 3.3－8　环保专业设计阶段 BIM 应用流程

（1）数据准备。收集三维地形、地质模型，调查原始环境数据。

（2）创建环保设计模型。基于三维地形、地质模型，整合原始环境数据，生成环保设计模型。

（3）BIM 综合应用。基于 BIM 模型，开展环保专业 BIM 应用，进行环保基础信息集成展示、环保方案设计优化、环保设施设计、环保监测站网布置等应用。

（4）工程量统计。根据应用需求进行工程量统计，并以此为依据进行工程投资概算。

（5）工程出图。基于校审后的 BIM 模型，按需输出环保专业二维图纸。

（6）三维成果交付。集成工程相关信息，交付环保 BIM 设计成果。

3.3.8.3　应用成果

环保专业设计阶段 BIM 应用成果主要包括以下内容：

（1）环保 BIM 设计模型。

（2）环保三维布置方案。

（3）环保设计方案。

（4）环境监测站网布置方案。

（5）工程量清单。

（6）工程图纸。

第4章
施工阶段 BIM 应用

4.1 应用目标

施工阶段 BIM 应用目标主要是利用 BIM 技术加强施工管理，通过建立 BIM 施工模型，将施工过程信息和 BIM 模型关联起来，实现基于 BIM 的施工进度、质量、安全、成本的动态集成管理。施工阶段 BIM 应用点主要包括：深化设计、施工模拟、进度管理、质量管理、安全管理、工程量及成本管理、竣工交付等。施工单位根据实际工程需要选择单项或多项综合应用，以提升项目精细化管理水平，发挥 BIM 共享、协同工作的价值。

4.2 应用流程

施工阶段 BIM 应用整体流程见图 4.2-1，主要包括 BIM 准备、施工图模型搭建、深化设计模型搭建、施工过程模型搭建及应用、竣工模型搭建及成果交付。

（1）BIM 准备。开展 BIM 实施策划，组建项目 BIM 团队，统一 BIM 应用的 IT 环境，建立项目 BIM 技术及管理标准。

（2）施工图模型搭建。施工图模型搭建可基于设计院移交的图纸，在施工阶段新创建或基于设计阶段 BIM 模型开展工作。

（3）深化设计模型搭建。根据专业特点和现场实施需要对施工图模型进行深化，形成深化设计 BIM 模型。

（4）施工过程模型搭建及应用。根据应用需求创建施工过程 BIM 模型或拆分已有模型，开展施工模拟、进度管理、质量管理、安全管理、成本管理、设备及物资管理等应用。

（5）竣工模型搭建及交付。完善并集成施工 BIM 模型，将竣工验收合格后形成的验收信息和资料关联集成到模型中，形成竣工验收模型并交付。

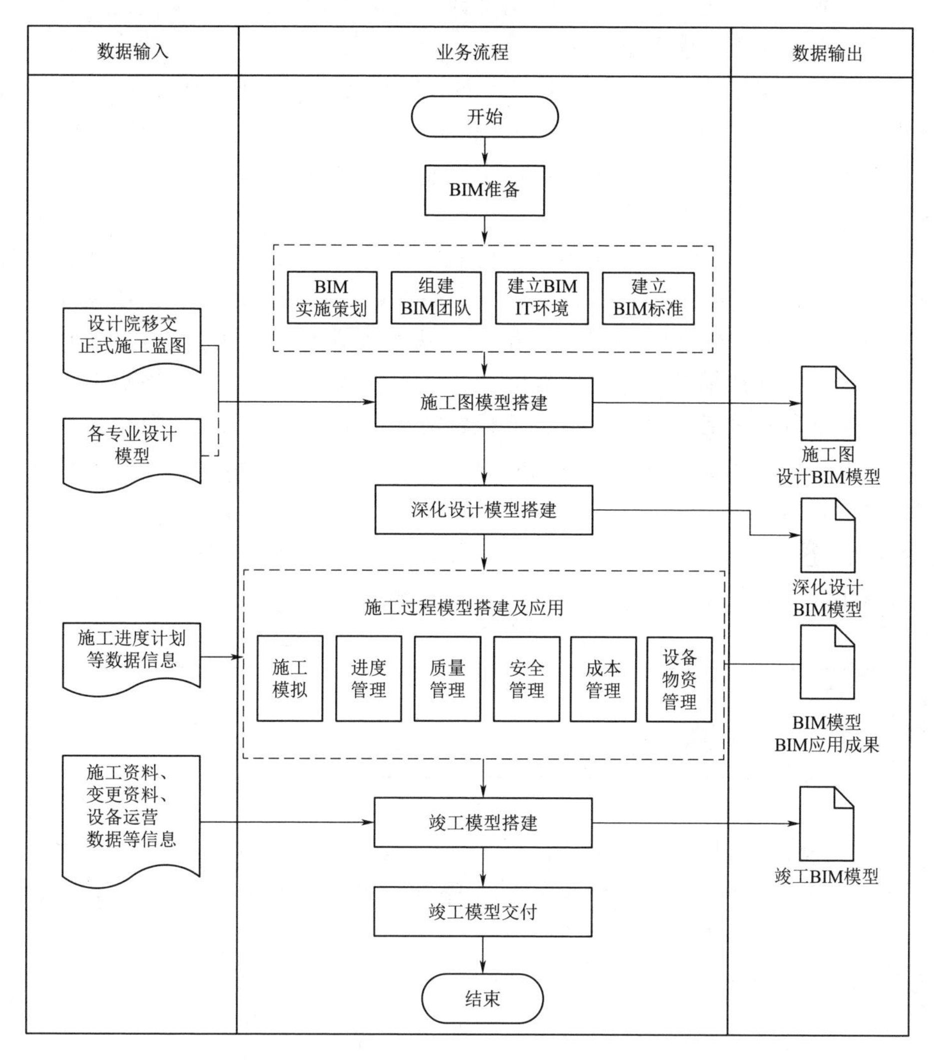

图 4.2-1 施工阶段 BIM 应用整体流程

4.3 应用点

4.3.1 深化设计

4.3.1.1 应用场景

施工深化设计是根据专业特点和现场实施需要对施工图设计模型进行深化的过程。其主要目的是进行施工作业细化，指导现场作业。

BIM深化设计主要包括土建深化设计和机电深化设计等。深化设计图应包括二维图和必要的三维模型视图。

（1）土建深化设计。水利水电工程中土建深化设计主要包括二次结构设计、预留孔洞设计、节点设计、预埋件设计等。可基于施工图设计模型、施工图、施工工艺文件创建深化设计模型，输出平立面布置图、构件深化设计图、节点深化设计图、工程量清单等。

（2）机电深化设计。机电BIM深化设计主要包括设备选型、设备布置及管理、专业协调、管线综合、参数复核、支吊架设计、机电末端和预留预埋定位等应用。在机电深化设计BIM应用中，可基于施工图设计模型或专业设计文件创建机电深化设计模型，完成管线综合，并校核系统合理性，输出机电管线综合图、机电专业施工深化设计图和工程量清单等。机电深化设计模型元素宜在施工图设计模型元素基础上确定具体尺寸、标高、定位和形状，并应补充必要的专业信息和产品信息。

4.3.1.2 应用流程

深化设计BIM应用流程见图4.3－1。

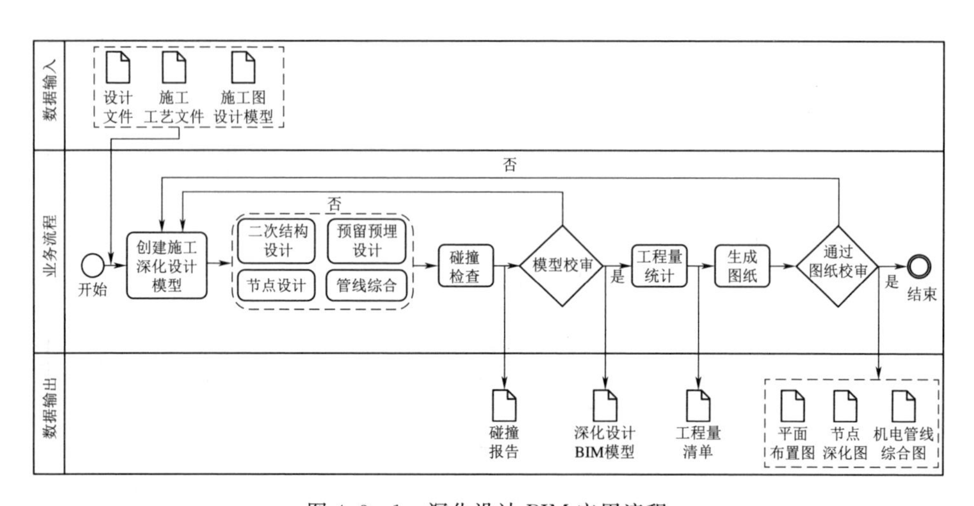

图4.3－1 深化设计BIM应用流程

（1）信息收集。收集设计文件、施工图设计模型、施工图纸等信息，并确保信息的准确性。

（2）创建施工深化设计模型。根据施工图设计模型和专业特点，确定深化设计部位，创建施工深化设计模型。

（3）模型深化。依据施工经验、施工规范标准、施工工艺等因素对各专业模型进行深化。深化后进行模型整合并审查，避免专业冲突。

（4）模型校审。深化设计模型需进行校审，确认无误后方可进行后续应用。

（5）生成图纸。依据深化设计模型导出深化设计施工图、节点图、管道单线图、工程量清单等，用于指导现场施工。

4.3.1.3 应用成果

深化设计 BIM 应用成果主要包括以下几个方面：

（1）深化设计 BIM 模型。

（2）深化设计图。

（3）碰撞检查分析报告。

（4）节点图。

（5）工程量清单。

4.3.2 施工模拟

4.3.2.1 应用场景

施工模拟优化包括施工组织模拟优化和施工工艺模拟优化，主要针对施工难度大、施工工艺复杂以及采用新技术、新材料、新工艺、新设备的分项开展模型创建及模拟应用。施工模拟模型基于施工图设计模型或深化设计模型等上游模型创建，将施工组织、施工工艺信息与 BIM 模型相关联，然后进行模拟，并根据模拟结果进行优化，生成分析报告及可视化施工指导文件。

（1）施工组织模拟。施工组织 BIM 模拟主要包括工序安排、资源配置、平面布置、施工进度等。可基于施工图设计模型或深化设计模型及施工图、施工组织设计文档等创建施工组织模型，应将工序安排、资源配置、平面布置等信息与模型相关联，并输出施工进度、资源配置等计划，以指导视频制作、文档编制和方案交底。

（2）施工工艺模拟。施工工艺 BIM 模拟主要包括土方工程、大型设备及构件安装、垂直运输、模板工程等施工工艺模拟。在施工工艺模拟应用中，可基于施工组织模型和施工图创建施工工艺模型，并将施工工艺信息与模型关联，输出资源配置计划、施工进度计划等，以指导视频制作、文档编制和方案交底。

4.3.2.2 应用流程

（1）施工组织模拟。施工组织模拟 BIM 应用流程见图 4.3－2。

1）创建施工组织模型。基于施工图设计模型或深化设计模型、施工组织设计文档等创建施工组织模型。

2）模型与施工组织信息关联。将工序安排、资源配置和平面布置等信息与模型关联。

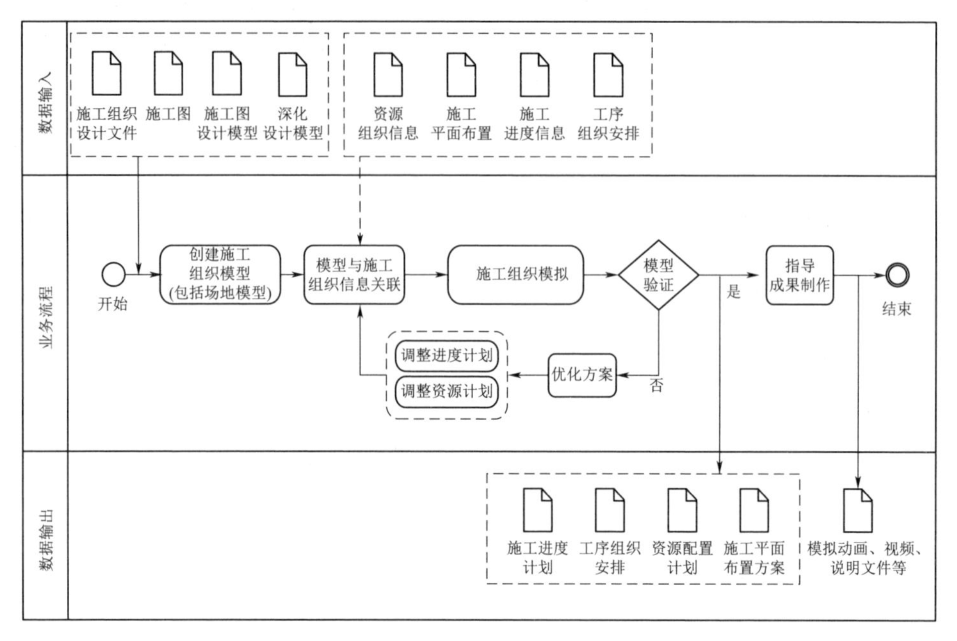

图 4.3－2 施工组织模拟 BIM 应用流程

3）施工组织模拟。进行施工组织模拟，结合项目施工工作内容、工艺选择及配套资源等，明确工序间的搭接、穿插等关系，优化项目工序组织安排，经方案优化后，对进度计划和资源计划进行调整，优化配置。施工模拟过程中，应及时记录出现的进度计划、工序组织、资源配置、施工平面布置等方面的不合理问题，形成施工组织模拟问题分析报告等指导文件。

4）输出成果。根据优化结果，输出施工进度计划、资源配置计划、工序组织安排、模拟动画、说明文件等成果。

（2）施工工艺模拟。施工工艺模拟 BIM 应用流程见图 4.3－3。

1）创建施工工艺模型。基于施工组织模型和施工图创建施工工艺模型。

2）模型与施工工艺信息关联。将施工工艺信息与模型关联。

3）施工工艺模拟。施工工艺模拟应包含土方工程模拟、模板工程模拟、临时支撑模拟、复杂节点模拟和大型设备及构件安装模拟等。在模拟过程中，将涉及的时间、工作面、人力、施工机械及其工作面要求等组织信息与模型进行关联。进行模拟过程中，及时记录模拟过程中出现的工序交接、施工定位等问题，形成施工模拟分析报告等方案优化指导文件。根据模拟成果进行协调、优化，并将相关信息同步更新或关联到模型中。

4）输出成果：输出施工进度计划、资源配置计划、施工工艺模型等，指导视频制作、文档编制和方案交底。

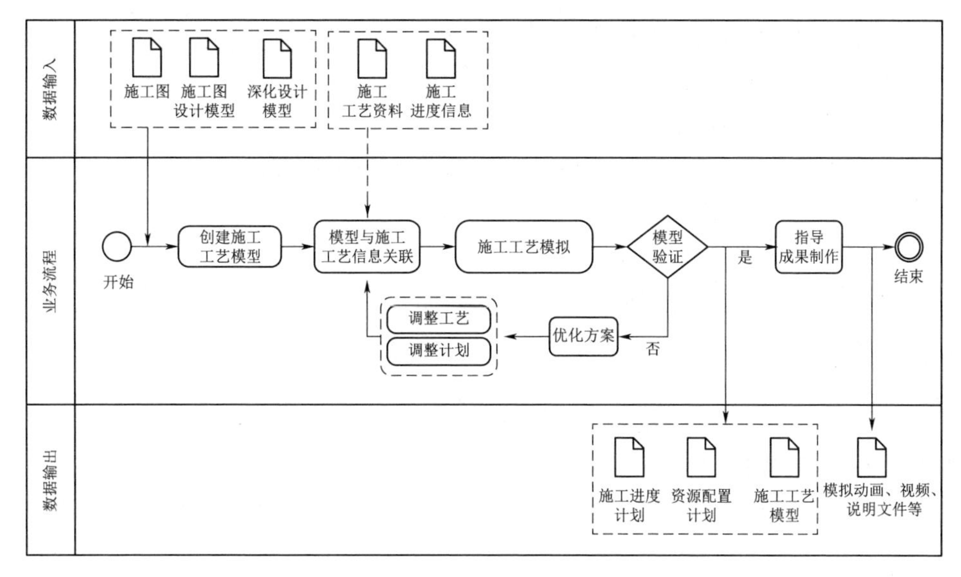

图 4.3-3 施工工艺模拟 BIM 应用流程

4.3.2.3 应用成果

施工方案模拟 BIM 应用成果主要包括以下内容：

（1）施工组织/工艺 BIM 模型。

（2）漫游动画文件。

（3）碰撞与冲突检查分析报告。

（4）施工组织/工艺优化分析报告。

（5）施工组织/工艺模拟优化方案。

4.3.3 进度管理

4.3.3.1 应用场景

基于 BIM 技术进行项目进度计划管理，利用模型三维可视化的特点模拟施工进度，做到进度工作的提前制定、及时调整与合理安排，从而提高工作效率。

施工进度管理信息模型应用包括可视化进度计划编制和进度控制等内容：应根据项目特点、合同要求和进度控制需求编制不同深度、不同周期、不同阶段的进度计划；应对实际进度的原始数据进行收集、整理、统计和分析，并将实际进度信息集成关联到进度计划模型中。

（1）进度计划编制。进度计划编制 BIM 应用主要包括以下内容：

1）WBS 创建。

2）进度计划编制。

3）工程量计算。

4）资源平衡及资源配置。

5）进度计划优化及审查。

6）形象进度可视化展示。

（2）进度控制。进度控制 BIM 应用主要包括以下内容：

1）实际进度跟踪检查。

2）实际进度可视化展示。

3）实际进度和计划进度对比分析。

4）进度预警。

5）进度偏差分析。

6）进度计划调整及模拟。

4.3.3.2　应用流程

（1）进度计划编制。基于 BIM 的进度计划编制工作流程见图 4.3－4。

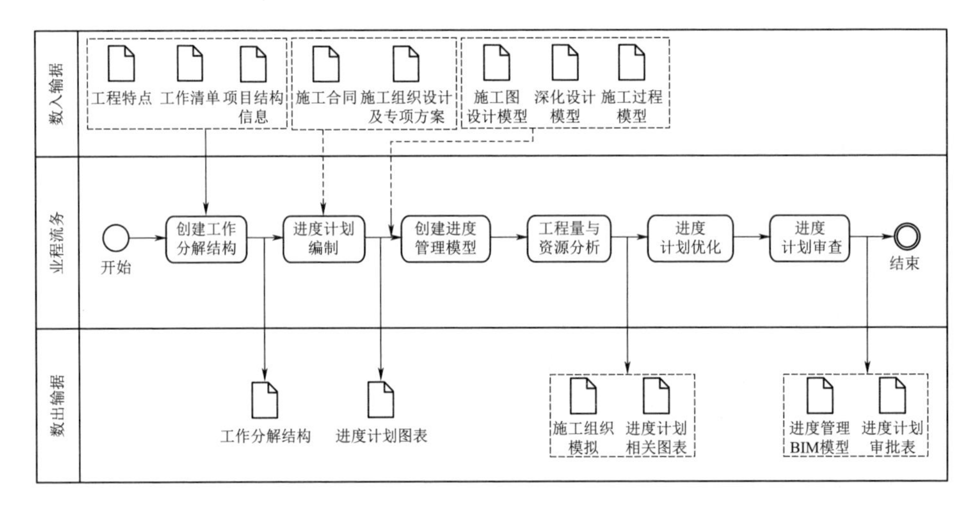

图 4.3－4　基于 BIM 的进度计划编制工作流程

1）创建工作分解结构。根据工程特点、工作清单、项目结构等信息创建工作分解结构，宜将施工项目按建设项目、单项工程、单位工程、分部工程、分项工程、施工段、工序依次分解，形成完整的工作分解结构。

2）进度计划编制。根据施工合同和施工组织设计及专项方案等文件编制进度计划。

3）创建进度管理模型。在施工图设计模型、深化设计模型、施工过程模型等基础上创建进度管理模型。创建进度管理模型时，应根据工作分解结构对导入的模型进行拆分或合并处理，并将进度计划与模型关联。

4）进度计划优化。基于 BIM 模型和实际工程数据进行进度计划的优化。

（2）进度控制。进度控制 BIM 应用流程见图 4.3－5。

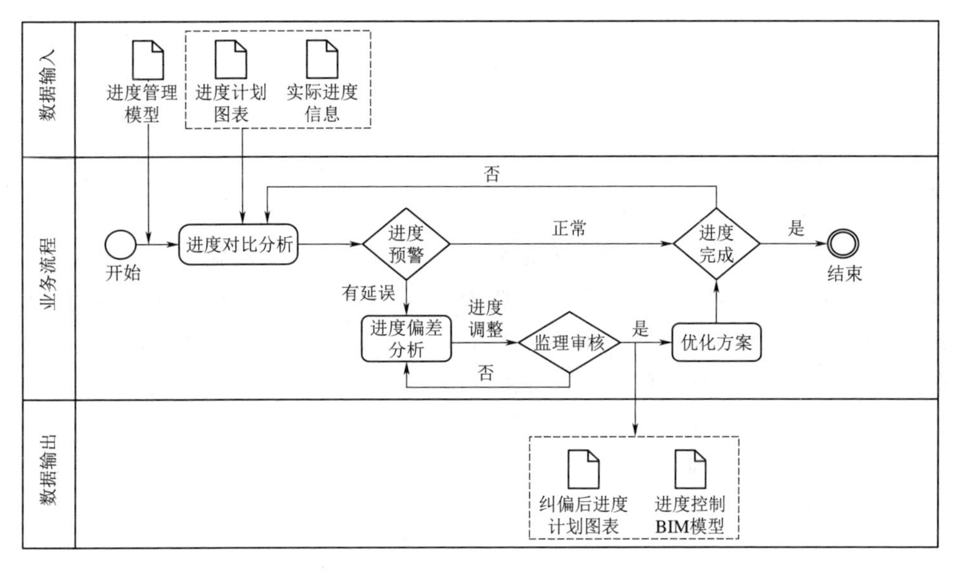

图 4.3－5 进度控制 BIM 应用流程

1）进度对比分析。基于进度管理模型，将实际进度信息与进度计划进行对比分析，根据偏差分析结果，适当调整进度计划及进度管理模型。

2）进度预警。制定预警规则，明确预警提前量和预警节点，进行可视化进度预警。

3）优化方案。根据项目进度分析结果和预警信息，调整后续进度计划，并更新进度管理模型。

4.3.3.3 应用成果

（1）进度计划编制 BIM 应用成果主要包括以下内容：

1）进度管理 BIM 模型。

2）进度计划（图）表。

3）工程量清单。

4）资源计划表。

5）进度优化与模拟成果。

6）形象进度显示及模拟动画。

（2）进度控制 BIM 应用主要包括以下内容：

1）进度控制 BIM 模型。

2）实际进度跟踪检查结果文件。

3）实际进度可视化展示视频文件。

4）实际进度和计划进度对比分析报告。

5）进度预警报告。

6）进度偏差分析报告。

7）进度计划变更文档，更新后的进度管理模型。

4.3.4 质量管理

4.3.4.1 应用场景

基于 BIM 的质量管理主要包括质量验收计划制定、质量验收、质量问题处理、质量问题分析等应用。在质量管理 BIM 应用中，基于深化设计模型创建质量管理模型，基于质量验收标准和施工资料标准确定质量验收计划，并进行质量验收、质量问题处理、质量问题分析工作。

施工质量管理 BIM 模型应用主要包括以下内容：

（1）确定质量计划。

（2）可视化交底。

（3）过程质量检查（质量检查，质量问题分析、处理）。

（4）质量资料管理。

（5）质量验收。

4.3.4.2 应用流程

质量管理 BIM 应用流程见图 4.3-6。

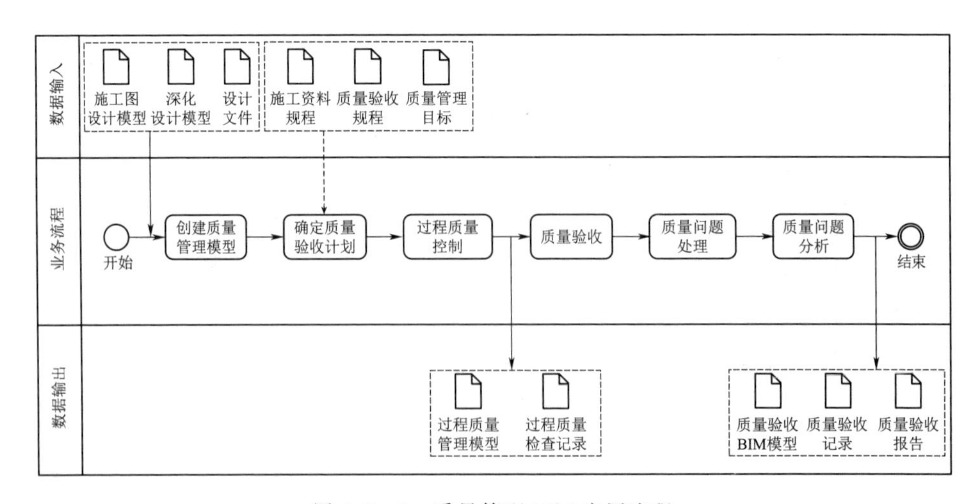

图 4.3-6 质量管理 BIM 应用流程

（1）创建质量管理模型。基于施工图设计模型、深化设计模型等上游模型和施工图设计文件创建质量管理模型；对导入的上游模型进行适当调整，使之满足质量过程管理和验收要求。

（2）确定质量验收计划。根据施工资料规程、施工质量验收规程和质量管理目标确定质量验收计划。在确定质量验收计划时，宜利用模型针对整个工程确定质量验收计划，并将验收检查点集成关联到对应的模型构件上。

（3）质量管理。基于质量管理 BIM 模型，进行质量验收、质量问题处理、质量问题分析工作，在过程质量管理中，可利用模型进行施工工艺交底，以及指导质量样板的建立。

4.3.4.3 应用成果

质量管理信息模型交付成果主要包括以下内容：

（1）质量管理 BIM 模型。

（2）过程质量检查及整改记录。

（3）质量质保资料。

（4）质量验收报告。

4.3.5 安全管理

4.3.5.1 应用场景

安全管理 BIM 应用主要包括技术措施制定、实施方案策划、实施过程监控及动态管理、安全隐患分析及事故处理等。在安全管理 BIM 应用中，可基于施工图设计模型、深化设计模型等上游模型和施工图设计文件创建安全管理模型，根据安全管理规程、安全施工组织设计和安全管理目标确定安全技术措施计划，进行安全管理控制。

安全管理 BIM 应用主要包括以下内容：

1）安全技术措施制定（风险源辨识、安全技术交底、安全防护措施）。

2）安全实施方案策划（安全文明设施布设、事故应急预案）。

3）安全实施过程监控及动态管理（安全检查、远程视频监控）。

4）安全隐患及事故分析。

4.3.5.2 应用流程

安全管理 BIM 应用流程见图 4.3－7。

（1）创建安全管理模型。基于上游模型和施工图设计文件创建安全管理模型。在创建安全管理模型时，可基于施工图设计模型、深化设计模型、预制加工等上游模型进行适当调整，使之满足安全管理 BIM 应用要求。

（2）确定安全技术措施计划。根据安全管理规程、安全施工组织设计和安

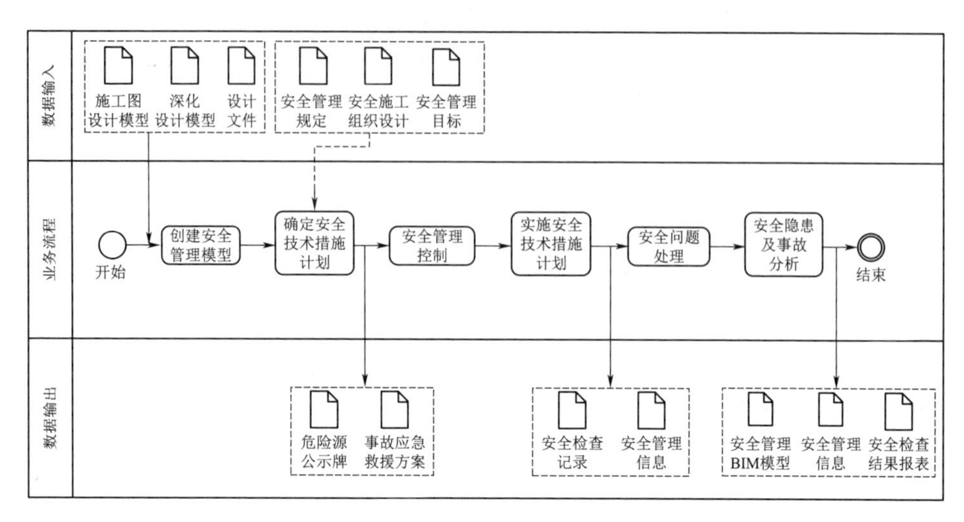

图 4.3-7　安全管理 BIM 应用流程

全管理目标确定安全技术措施计划。在确定安全技术措施计划环节，宜使用安全管理 BIM 模型辅助相关人员识别风险源，可使用安全管理 BIM 模型对所采取的安全防护措施进行模拟、评估。

（3）安全管理控制。进行安全管理控制、实施安全技术措施计划、处理安全问题、分析安全隐患及事故。在安全技术措施计划实施时，使用安全管理 BIM 模型编制可视化交底素材，向有关人员进行安全技术交底，并将安全交底记录集成关联到模型中。在安全实施方案策划时，可利用安全管理 BIM 模型进行人员疏散等安全应急演练。在安全问题分析时，利用安全管理 BIM 模型，从部位、时间等角度对安全信息和问题进行汇总和展示，为安全管理持续改进提供参考和依据。

4.3.5.3　应用成果

安全管理信息模型交付成果主要包括以下内容：

（1）安全管理 BIM 模型。

（2）安全管理信息（含安全检查、隐患整改记录、事故处理等信息）。

（3）安全检查结果报表。

4.3.6　工程量及成本管理

4.3.6.1　应用场景

工程量及成本管理是根据施工图预算信息模型分专业进行工程量计算，并将清单工程量计算结果导入到计价软件中，依据定额规范和价格信息，计算工程价格，辅助指导和控制工程成本。施工目标成本和成本动态控制信息模型应用宜在相关专业模型集成基础上进行。在工程量计量和计价任务过程中，应符合《水电工程　工程量清单计价规范》(2010年版）和《建设工程工程量清单计价规范》(GB 50500—2013）等现行计量计价文件的规定。

4.3.6.2　应用流程

工程量及成本管理BIM应用流程见图4.3-8。

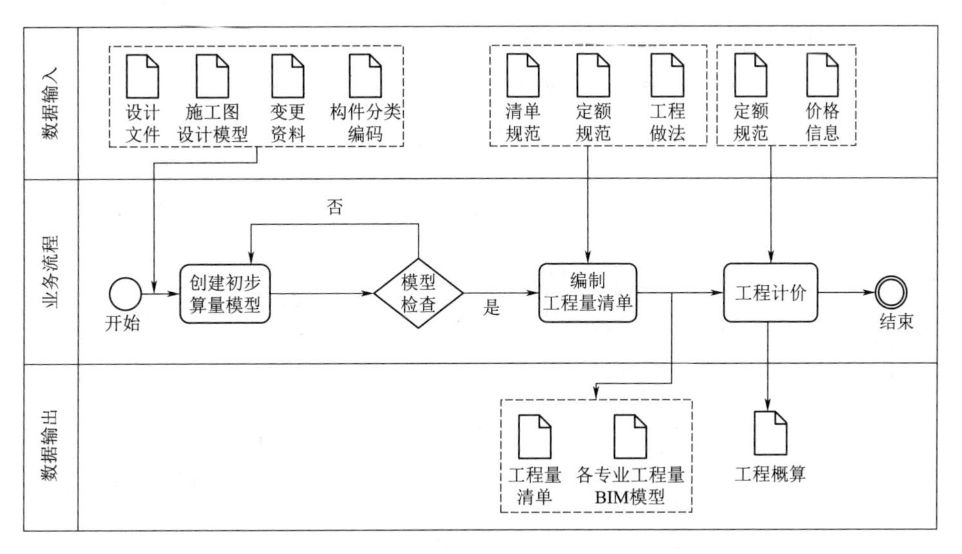

图4.3-8　工程量及成本管理BIM应用流程

(1) 创建初步算量模型。根据施工图设计资料、变更资料和构件分类编码等文件，在施工图设计模型的基础上创建初步算量模型。

(2) 编制工程量清单。模型检查通过后，根据清单规范、定额规范和工程做法编制工程量清单，根据工程量计算规则，结合构件的特征和参数，自动计算模型元素的清单工程量，并生成各专业算量模型。

(3) 工程计价。将清单工程量计算结果导入到计价软件中，依据定额规范和价格信息，计算工程价格，输出工程成本概算。

4.3.6.3　应用成果

工程量管理信息模型应用交付成果主要包括以下内容：

(1) 各专业工程量BIM模型。

(2) 工程量清单。

(3) 预算成本。

(4) 成本分析报表。

4.3.7　设备及物资管理

4.3.7.1　应用场景

基于 BIM 的设备及物资管理是将设备及物资的采购、进场、入库、申领、出库、安装、使用等信息与 BIM 模型相关联，实现基于模型的信息集成与可视化管控，并为运维管理阶段提供基础数据。

4.3.7.2　应用流程

设备及物资管理 BIM 应用流程见图 4.3－9。

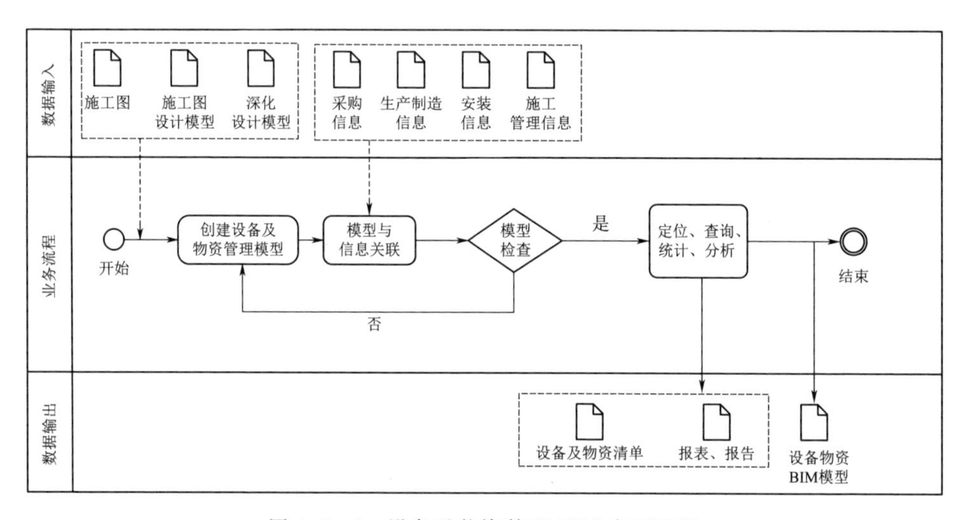

图 4.3－9　设备及物资管理 BIM 应用流程

（1）创建设备及物资管理模型。基于上游模型和施工图设计文件创建设备及物资管理模型，也可根据制造厂家的模型进行适当调整、简化，使之满足设备物资管理 BIM 应用要求。

（2）模型与信息关联。将设备及物资的属性信息如规格型号、技术参数、标识、物资编码等内容进行集成，或关联入库、出库等过程管理信息，以便于查询、追溯及状态统计。

（3）定位、查询、统计、分析。基于 BIM 模型进行可视化的定位、查询、统计及分析，反映设备及物资的位置信息、状态信息。

4.3.7.3　应用成果

设备及物资管理 BIM 模型应用交付成果主要包括以下内容：

（1）设备及物资管理 BIM 模型。

（2）设备及物资清单。

（3）统计报表。

4.3.8 竣工交付

4.3.8.1 应用场景

竣工验收 BIM 模型应在施工过程模型上关联集成竣工验收相关信息和资料，按施工质量验收评定相关规定，形成竣工 BIM 验收模型。

竣工交付阶段结合 BIM 技术采用数字化交付，实现实体工程与数字工程的同步交付，将施工准备阶段和施工过程阶段积累的 BIM 模型和数据附加在实体工程上，在运营阶段再现、再处理交付前的各种数据信息，为运营维护提供支撑。竣工交付阶段的主要工作有竣工模型信息录入、集成、提交，采用全数字化表达方式对工程进行详细的分类梳理，建立可视化、结构化、智能化、集成化的工程竣工数字档案。

4.3.8.2 应用流程

竣工交付 BIM 应用流程见图 4.3－10。

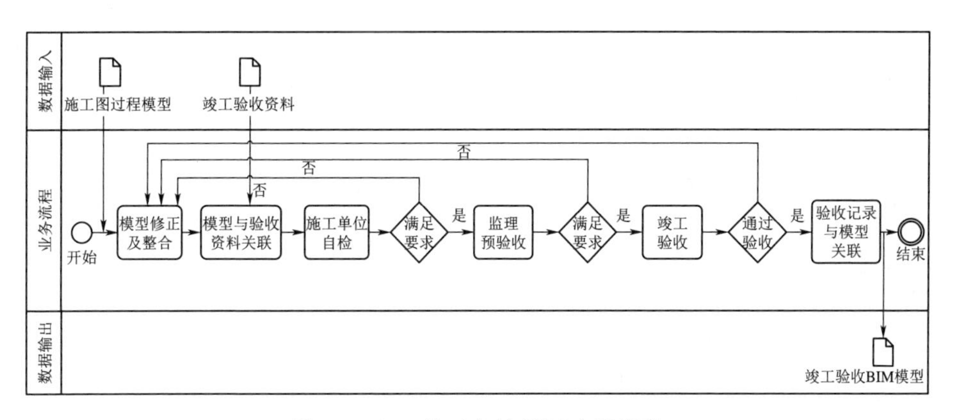

图 4.3－10 竣工交付 BIM 应用流程

（1）模型修正及整合。根据工程最新信息进行模型修正及整合。

（2）模型与验收资料关联。将竣工验收资料与模型相关联，录入信息相关方应确保信息的准确性，录入信息的格式应符合相关标准的规定，经过施工单位自检，通过验收后请求建立预验收。

（3）监理预验收。监理进行预验收，若不满足要求，则更新模型或相关信息。

（4）验收记录与模型关联。将验收信息和资料关联集成到模型中，如竣工模型需涉及运维部分，在模型中还应附加主要系统的调试、联动、试运行等方面的内容。

（5）形成竣工验收 BIM 模型。工程通过竣工验收后，将验收记录与模型相关联，形成最终竣工验收模型并存档，作为运维阶段信息模型应用的基础。

4.3.8.3　应用成果

竣工交付 BIM 应用成果主要包括以下内容：

（1）竣工验收 BIM 模型。

（2）竣工验收相关资料。

第5章 运维阶段 BIM 应用

水利水电工程运维阶段 BIM 应用宜基于平台开展，将 BIM 模型与运行监控等各类数据集成，进行可视化仿真、分析、模拟及预警，实现可视化、智能化的运维管理。

5.1 应用目标

运维阶段 BIM 应用宜基于竣工移交 BIM 模型开展深化应用。以 BIM 模型为基础，整合图纸、文档、资产信息、巡检及现场运行监控数据，并应用于水利水电工程资产管理、仿真模拟、运行监控等领域。

5.2 应用流程

基于 BIM 的水利水电运维阶段工作流程见图 5.2-1。

（1）创建及模型导入。导入竣工移交 BIM 模型，或按运行维护的要求创建模型。

（2）模型拆分及组织。按运行维护要求拆分 BIM 模型，形成运维管理的模型结构树，输出运维所需的 BIM 模型。

（3）数据集成。集成图纸、设备、采购、物资等资料，将文档资料与模型对应关联，实现设备资产、物料、日常巡检管理、检修维护等数据与 BIM 模型的集成。

（4）运行数据集成。将水工建筑物、设备设施等水电站运行、监测数据与 BIM 模型集成。

（5）形成基于 BIM 的工程数据中心，开展分析、决策等应用。

5.3 应用点

5.3.1 资产管理

5.3.1.1 应用场景

基于 BIM 的资产管理是在 BIM 模型的基础上将设计信息、厂家信息、施工

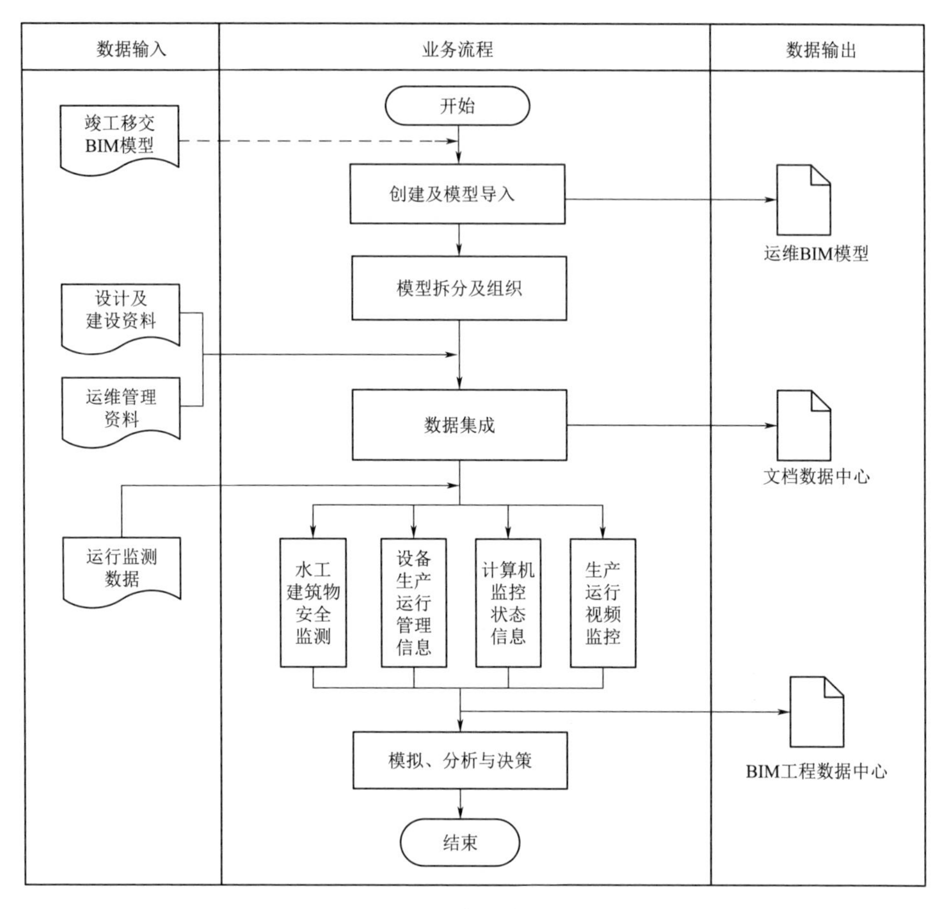

图 5.2-1　基于 BIM 的水利水电运维阶段工作流程

信息、设备信息、日常巡检计划、维保计划、物资台账等信息与 BIM 模型集成，开展可视化定位管理、物资管理、分析及辅助决策。

(1) 可视化定位管理。通过 BIM 模型快速定位到工程相关位置，查询工程对象及信息，并能定位到机组内部、地下管线等隐蔽对象，直观、快速、准确地进行定位、查找及日常维护管理。

(2) 可视化物资管理。BIM 模型集成了资产的基本信息、技术参数信息、运行信息、工作计划、维护信息等，基于 BIM 模型开展可视化物资管理、动态查询、统计与分析等应用。

(3) 分析及辅助决策。对资产现状、缺陷信息、维护信息、备品备件等信息进行数字化管理，基于 BIM 数据中心建立可视化资产台账，辅助检修计划、采购计划的制订、生成资产状态报告，辅助管理人员决策。

基于 BIM 的资产管理主要应用流程见图 5.3－1。

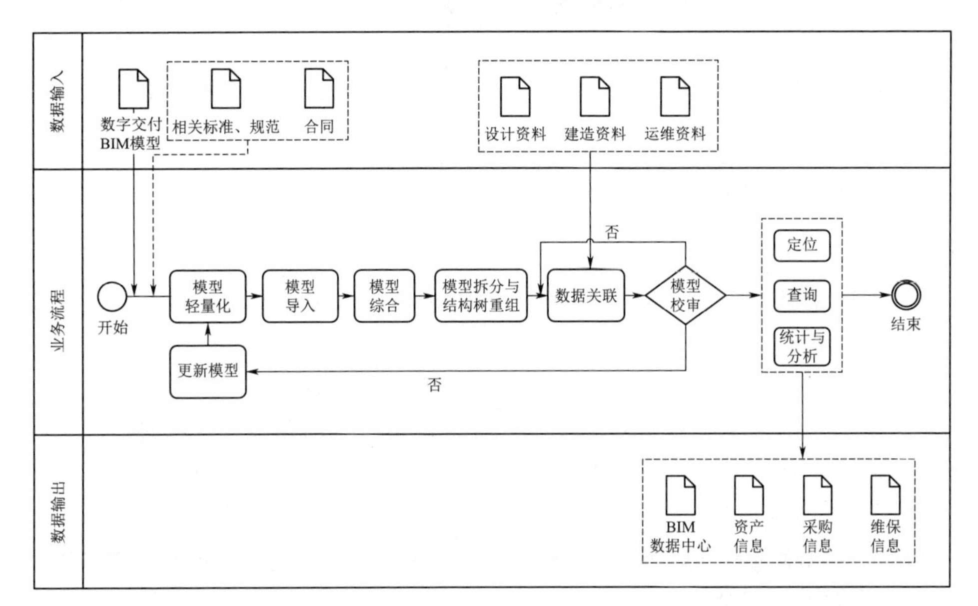

图 5.3－1 基于 BIM 的资产管理主要应用流程

(1) 数字交付 BIM 模型（竣工移交模型或合同约定交付的 BIM 模型）或转换为工作平台的专有数据格式。转换时需保证几何信息及属性信息完整。

(2) 模型导入并进行模型综合。将不同部位、不同软件交付的 BIM 模型进行坐标转换、定位等合模工作。

(3) 模型拆分与结构树重组。根据资产管理的应用需求进行模型结构树的拆分与重组，可按模型唯一 ID 号灵活组合，如组建设备台账结构树，进行可视化台账管理；针对检修操作，组建检修对象 BIM 模型结构树。

(4) 将设计资料、建造资料、运行资料与模型集成，可通过识别 ID 等方式进行数据关联。

(5) 模型校审。检查是否有模型缺漏或错误，并更新模型；同时检查关联的数据是否正确或齐全，若不满足要求，则进行补充。

(6) 根据集成数据的 BIM 模型开展可视化定位、查询、统计、分析及辅助决策等应用。

5.3.1.2 应用成果

基于 BIM 的资产管理应用成果主要包括以下内容：

(1) BIM 资产管理模型。

(2) 可视化资产管理台账。基于 BIM 资产管理模型，形成可视化资产管理台账。

(3) 采购计划。基于BIM数据中心，形成备品备件采购计划，辅助设备台账管理。

(4) 检修及维护计划。基于BIM数据中心，形成检修及维护计划，辅助检修及维护管理。

5.3.2 仿真模拟

5.3.2.1 应用场景

基于BIM模型开展水利水电工程三维仿真培训与模拟考试，或开展灾害应急模拟等应用。

(1) 仿真培训。在三维场景下实现可视化浏览、漫游、模拟仿真、培训与学习。基于BIM模型实现水利水电工程机电设备对象的装配、拆解等操作，并实现设备关联信息的同步显示和操作提示，如基于BIM模型模拟水轮机发电机的拆卸和回装过程。

(2) 应急辅助决策。在三维场景下实现安全应急物资（如灭火器、消防沙）、安全通道、安全标示等的浏览、查询、管理及虚拟应急逃生演练，形成水利水电工程项目应急决策方案，识别安全隐患，规划发生安全事故时的逃生路径，并进行模拟演练及培训、考试。

5.3.2.2 应用流程

基于BIM的仿真模拟主要应用流程见图5.3-2。

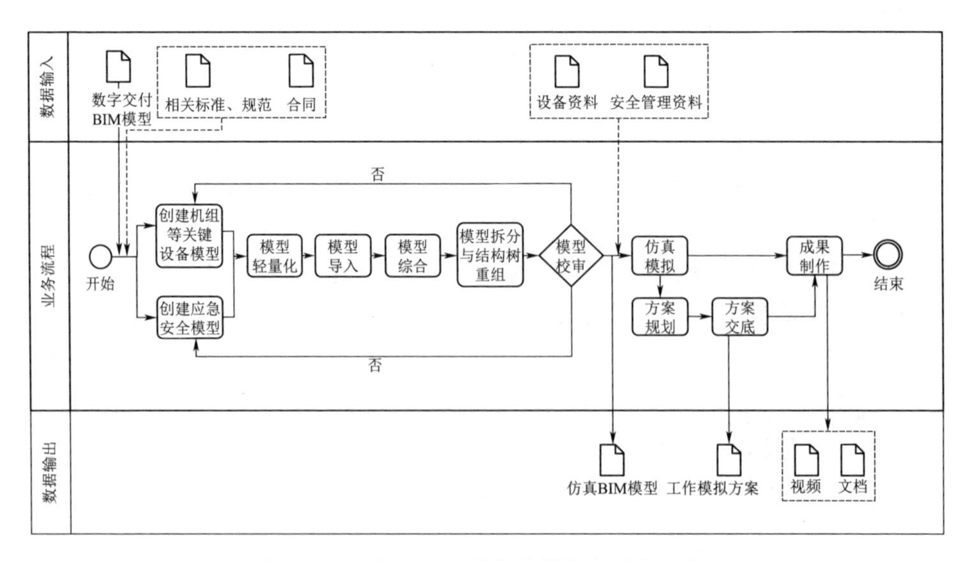

图5.3-2 基于BIM的仿真模拟主要应用流程

（1）评估数字交付模型能否满足仿真培训的要求，否则新建模型。新建模型包含设备模型及应急安全 BIM 模型两大类。

1）设备 BIM 模型。创建水轮机、发电机等工程关键设备模型，BIM 模型宜满足 LOD400 及以上精细度的要求。

2）应急安全 BIM 模型。根据可视化应急安全模拟的需求，增加必要的应急演练 BIM 模型。

（2）模型导入。将模型转换为工作平台的专有格式，转换时需保证几何信息及属性信息完整。

（3）模型综合。将不同部位、不同软件交付的 BIM 模型进行坐标转换、定位等合模工作。

（4）模型校审。检查交付模型的完整性、正确性、精度是否满足仿真模拟的要求。

（5）仿真模拟。进行设备操作、检修、维护的仿真并输出视频、文档等成果；进行应急安全的仿真模拟，通过可视化模拟进行方案规划及方案交底，进行在线仿真，输出培训、文档等成果。

5.3.2.3 应用成果

基于 BIM 的仿真模拟应用成果主要包括以下内容：

（1）仿真 BIM 模型。

（2）检修维护仿真模拟方案。

（3）应急演练仿真模拟方案。

（4）运行操作仿真模拟方案。

（5）培训文档及视频。

5.3.3 运行监控

5.3.3.1 应用场景

将 BIM 模型与水利水电工程运行监控设备及系统相结合，接入设备设施、监测仪器、计算机监控系统的实时运行数据，建立起物理与虚拟空间的映射连接，形成虚实融合的动态交互模型，辅助开展评估、分析、预测、决策等智能化决策管理。

（1）设备设施管理。可视化、实时监控设备运行，通过颜色等状态的变化，直观反映设备设施的运行状态；虚实融合，在 BIM 模型的三维虚拟空间中，基于实际运行数据开展大数据分析、故障预测、诊断并进行预警预报，提升运行的可靠性与稳定性。

（2）水工建筑物安全监测管理。基于 BIM、GIS、物联网等技术，将水工建筑物、监测仪器在三维场景中集成显示，并接入监测的实时数据，在三维环境下进行数据的融合集成、动态展示、查询、统计与分析。基于监测数据、历史数据开展安全隐患分析、智能预警预报、辅助决策等应用。

5.3.3.2 应用流程

基于 BIM 的运行监控管理主要应用流程见图 5.3-3。

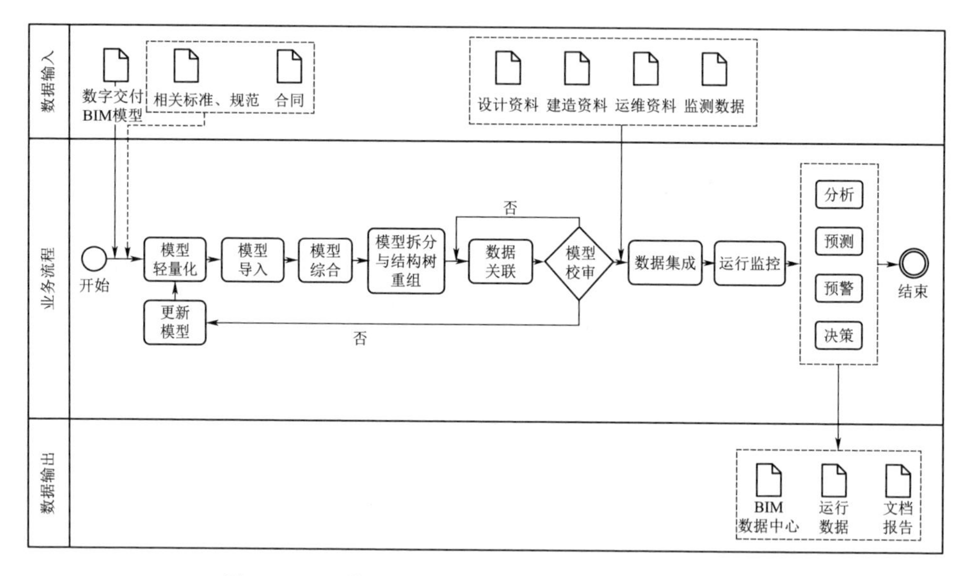

图 5.3-3 基于 BIM 的运行监控管理主要应用流程

(1) 数字交付 BIM 模型（竣工移交模型或合同约定交付的 BIM 模型）或转换为工作平台的专有数据格式。转换时需保证几何信息及属性信息完整。

(2) 导入模型并进行模型综合。将不同部位、不同软件交付的 BIM 模型进行坐标转换、定位等合模工作。

(3) 模型拆分与结构树重组。根据运行管理的应用需求进行模型结构树的拆分与重组，可按模型唯一 ID 号灵活组合，如组建大坝安全监测仪器结构树等。

(4) 将设计资料、建造资料、运行资料与模型集成，可通过识别 ID 等方式进行数据关联。

(5) 运用物联网技术，在 BIM 模型上集成监测数据，形成 BIM 数据中心。

(6) 通过 BIM 模型进行可视化监测管理，通过 BIM 数据中心开展可视化分析、预测、预警并辅助决策。

5.3.3.3 应用成果

基于 BIM 的运行监控管理应用成果主要包括以下内容：

（1）BIM 运行监控模型。

（2）BIM 数据中心。

（3）文档报告。

第6章
基于BIM的全生命期管理平台

为实现设计、施工和运维的全生命期管理，宜搭建起基于BIM的全生命期管理平台，打通数据流，承载BIM数据，开展BIM应用。本章介绍了平台的建设目标及要求。

6.1 建设目标

平台建设目标宜包含以下内容：

（1）实现工程建设各阶段BIM的可视化集成、动态更新和查询展示。

（2）实现工程建设各参与方BIM应用过程中的数据传递、共享和协同工作。

（3）满足工程建设各阶段BIM应用要求。

（4）与运维阶段的系统进行对接。

6.2 建设要求

（1）平台的建设可参照下列原则：

1）完整性原则。系统建设需考虑功能完整性，应能满足水利水电工程建设所需的系统功能和技术条件。

2）先进性原则。系统在设计思想、系统架构、关键技术上采用国内外成熟的技术、方法、软件、硬件设备等，确保系统有一定的先进性、前瞻性、扩充性。

3）可靠性原则。应对数据的管理和使用设置系统权限，确保系统、数据的安全可靠，充分考虑信息访问安全问题，系统设计采用有效的备份措施，能够在遇到故障时进行数据恢复。

4）扩展性原则。系统建设采用积木式结构、组件化设计，整体架构要考虑系统建设的衔接，为后期功能扩展预留扩充条件，能够根据需要与相关方已有、在建或拟建的系统进行有效集成。

（2）平台系统架构宜进行分层设计，各层的操作模块应相对独立，并满足下列要求：

1）数据层。用于存储并管理模型和数据，实现模型与数据的一体化管理。数据层的建设应结合水利水电工程设计、施工、运维期间的业务需求，按照统一的数据标准建设，形成一个完整的数据中心，有效支撑一体化管理。

2）引擎层。利用引擎对数据层的数据进行计算、加工、分析和展示，为平台的数据服务提供基础支撑。

3）服务层。实现平台中的数据管理、模型操作、空间分析、统计查询等基本功能后，对应用层提供相关服务接口。

4）应用层。根据需要调用服务接口，形成应用层的功能模块，满足水利水电工程项目各阶段信息模型的应用需求。

5）访问层。根据各阶段信息模型的应用需求，提供基于多种终端的访问形式。

（3）平台宜具备下列基本功能：

1）权限管理。支持对相关单位进行用户管理和权限管理。

2）数据存储。支持互联网云存储，支持图档资料的数字化归档，支持对项目信息、技术标准、公共资源和知识库等的存储和管理。

3）数据集成。对于不同软件创建的模型，能够使用开放或兼容的格式进行转换，支持与外部管理系统的数据对接。

4）数据展示。支持对模型数据按照工作分解结构展示，支持多种数据集成、大场景展示和在线浏览等，支持在线实时剖切、测量、标注等，支持模型构件的调用和编辑等，支持三维场景中信息批注、保存和调取等。

5）数据统计。支持对模型承载信息的分类统计，支持对统计分析结果的输出。

6）平台访问方式。支持多终端的展示及应用。

附录 A
BIM 软件列表

附录 A 总结了当前水利水电行业主要应用的 BIM 软件产品以及水利水电 BIM 联盟部分成员单位自主研发的 BIM 软件，介绍了各软件的适用对象及主要特点（见表 A－1 和表 A－2）。

表 A－1　软件公司 BIM 软件列表

序号	公司	软件名称	适用对象	特　点
1	Autodesk	Revit	全专业	BIM 通用建模软件，包含参数化建模、出图、统计工程量、数字化交付等
		Civil 3D	测绘、总图、地质、水工、施工、道路、给排水等	土木工程 BIM 设计平台，涵盖 GIS、地形、地质、道路、桥梁、给排水等
		InfraWorks	全专业	用于规划、设计和分析的地理空间和工程 BIM 平台
		Inventor	水工、金属结构	机械领域通用建模和分析软件
		Navisworks	全专业	协同、模拟、仿真、算量及数字化交付平台
		AutoCAD	全专业	通用的二维和三维 CAD 软件
		AutoCAD Map 3D	测绘、总图	基于 AutoCAD 的 GIS 设计与分析专业化工具
		AutoCAD Plant 3D	水力机械	基于 AutoCAD 的流程工厂设计专业化工具
		AutoCAD Raster Design	测绘、总图等	基于 AutoCAD 的光栅图像编辑专业化工具
		Advance Steel	钢结构、桥梁等	基于 AutoCAD 的钢结构三维建模软件，通过与 Revit 双向交互加快钢结构深化设计

续表

序号	公司	软件名称	适用对象	特　点
1	Autodesk	3ds Max	全专业可视化	可视化表现软件，含三维建模、动画制作和渲染
		RecapPro	测绘、总图	现实捕捉及三维激光扫描处理软件
		FormIt	建筑	直观的三维草图软件，与Revit具有原生的互操作性
		Insight	建筑、机电	建筑能效与绿色性能分析
		Robot Structural Analysis Professional	结构	BIM集成结构分析软件
		Dynamo Studio	全专业	可视化编程工具，利用逻辑改善设计效率和自动化
		Storm and Sanitary Analysis	排水	配合Civil 3D的水文水力学计算软件
		River and Flood Analysis Module	水工、排水	配合Civil 3D的河流及洪水分析软件
		Vehicle Tracking	总图、道路	车辆扫掠路径分析及设计软件
		Fabrication CADmep	机电	机电预制化设计和文档编制软件
		Vault	全专业	数据管理与协同工具
		Autodesk Construction Cloud	全专业	项目全生命期在线协同平台
2	Dassault	CATIA	全专业	作为达索3DEXPERIENCE的核心建模模块，提供覆盖所有专业的建模功能
		ENOVIA	全专业	满足从设计管理到全生命期工程管控的各类需要
		SIMULIA	结构、流体	包括多物理场仿真软件ABAQUS、软件机器人Isight、拓扑优化软件TOSCA、疲劳分析软件FE-safe、多系统动力学仿真软件Simpack、电磁分析软件CST、流体分析软件PowerFlow及xFlow等，满足水利水电工程各专业的分析计算需要

续表

序号	公司	软件名称	适用对象	特　点
2	Dassault	DELMIA	施工、金属结构设计 运行维护	DELMIA 与 CATIA 设计解决方案、ENOVIA 数据管理和协同工作解决方案紧密结合，以工艺为中心的技术来模拟分析工程施工过程中的各种问题，并给出优化解决方案
		DYMOLA	水工、施工、动力、 电气、金属结构 运行维护	达索的系统动力学解决方案软件
		3DEXCITE	全专业	实时 3D 设计理念，虚拟制图允许讨论、评估和测试，带来高度逼真的产品体验，其展示效果达到 IMAX 电影级的水平
		SOLIDWORKS	金属结构 动力	SOLIDWORKS 软件功能强大，组件繁多，主要用于机械设计阶段，包括了电气设计、机械设计及 CAD/CAE/CAM 一体化解决方案和全生命周期管理
		GEOVIA	地质、规划、 运行维护	GEOVIA 用于轻量化的地质建模功能，并支持动态化的地质模型调整
		CATIA Composer	全专业	3DVIA Composer 作为一款独立的桌面应用程序，允许用户在不使用复杂模型编辑工具的情况下，以一种较为简单的方式来浏览轻量化的 3D 模型
3	Bentley	OpenBuildings Designer	全专业	涵盖建筑、结构、暖通、排水及建筑电气五大专业，基于 Microstation 平台的三维土建建模软件
		ProStructures	结构、水工、施工	混凝土模型及配筋参数化创建、钢结构及节点的智能布置，变电架构参数化生成
		OpenRoads Designer	总图、道路、 给排水专业	三维道路、渠道生成、地下雨水管道的智能布置

续表

序号	公司	软件名称	适用对象	特　点
3	Bentley	OpenPlant	水机	等级驱动的压力管道设计，与PID进行联动修改、自动抽取ISO图
		OpenUtilities Substation	电气一次、二次	发变电三维电气设计平台，实现精准的电气方案设计、电气计算
		BRCM	电气一次、二次	电缆桥架、电缆沟、埋管等电缆通道参数化布置与电缆敷设系统，智能精确的多方案桥架和电缆设计，统计电缆长度以及桥架容积率计算等
		gINT	地质	地勘数据管理系统，支持多种数据类型和数据库，直接生成各类地勘图纸和报告，还能直接生成三维iModel钻孔可视化模型
		PLAXIS	岩土	岩土工程针对变形和稳定问题的三维分析有限元软件包。可实现实体模型自动进行分割和网格划分。施工顺序模式可以对施工过程和开挖过程进行真实模拟
		SoilVision	岩土	集成了岩土工程、水文地质工程和岩土环境。能够快速搭建三维地质模型，并对边坡的稳定性进行模拟
		OpenFlow FLOOD	洪水	整合Haestad给水建模和Action Modulers洪水分析产品线。能够对流域、城市和沿海的洪水进行模拟，同时支持对水质进行分析
		Synchro	施工	整合三维模型和进度计划实现4D可视化规划。具备兼容性强、可视化效果好、功能细分且强大、具备专业的国外项目进度管理体系支持、数据驱动模式

续表

序号	公司	软件名称	适用对象	特　点
3	Bentley	Bentley Navigator	全专业	模型综合与设计校审工具，提供碰撞检测、渲染动画、吊装模拟、进度模拟等设计功能
		ProjectWise	全专业	Bentley 协同工作平台，支持 C/S，B/S 部署方式，支持跨地域，多角色的协同工作环境
		ContextCapture	测绘、地质	可利用照片、点云及动画，生成高精度的实景模型，并能够和其他模型数据进行交互处理
		LumenRT	全专业	工程界电影级交互式即时渲染和动画系统
		AssetWise	全专业	Bentley 资产信息管理平台，可以对资产信息状态进行监控，并及早发现故障
4	鲁班	城市之眼（CityEye）	全专业	园区、楼宇和住户级别的各形态的“规、建、管”全流程全要素的各类数字应用
		基建 BIM 系统	全专业	平台可对创建完成的 BIM 模型及地理信息模型进行自动解析，同时将海量的数据进行分类和整理，形成一个包含三维结构和地理模型的多维度、多层次数据库，有针对性地解决了基建工程面临的几大难题
		鲁班大师、鲁班万通、鲁班钢筋	全专业	基于 Rhino、Revit、Bentley 等软件的造价设计工具
5	理正	理正勘察三维地质软件	勘察、地质	集三维地质模型创建、模型可视化展示、模型专业应用、BIM 成果数字化移交于一体的软件系统
		理正岩土 BIM 插件	岩土	包括理正岩土 BIM For Revit、理正岩土 BIM For Bentley、理正易建（Revit）辅助设计。三款软件组成的复合软件，可为 Revit 和 Bentley 平台岩土 BIM 设计提供整体化解决方案

续表

序号	公司	软件名称	适用对象	特　　点
5	理正	理正基坑施工 BIM 方案演示软件	建筑、水工	通过“参数化方式”快速创建基坑、道路建筑等模型。可集成理正三维地质模型、轻量化模型、P-BIM、Revit、3DS、FBX，DXF 等多种二三维模型数据，实现快速场布，丰富场景内容。满足基坑方案设计、施工方案模拟动画
		理正 For Revit 系列软件	建筑、机电	包括理正建筑设计软件（Revit 版）、理正水暖设计软件（Revit 版）、理正常用工具（Revit 版）、理正 Revit 转 CAD 出图工具、理正翻模插件（Revit 版）、理正面积计算（Revit 版）
		理正深基坑支护结构设计软件	结构	软件采用理正 3D 平台建模，实现支护结构、内撑、立柱、斜撑、锚杆、岩土体的三维设计、协同计算
6	广联达	MagiCAD	机电	MagiCAD 是一款 BIM 设计深化软件，提供功能强大的模型创建与专业计算功能，使得机电 BIM 设计更便捷、更灵活、更高效
		BIM5D	全专业 施工管理	BIM5D 为工程项目提供一个可视化、可量化的协同管理平台。通过轻量化的 BIM 应用方案，达到减少施工变更、缩短工期、控制成本、提升质量的目的
		BIM 施工现场布置	施工管理	用于工程项目场地策划及展示的三维软件
		BIM 建模平台 SDK	全专业	自主知识产权 BIM 建模平台，满足构件三维图形建模应用、构件编辑器、数据交换等功能

续表

序号	公司	软件名称	适用对象	特　　点
7	PKPM（北京构力）	BIMBase	全专业	自主知识产权的国产 BIM 基础平台，基于自主三维图形内核 P3D。实现图形处理、数据管理和协同工作，实现多专业数据的分类存储与管理，以及多参与方的协同工作，支持建立参数化组件库，具备三维建模和二维工程图绘制功能
		PKPM－BIM 系列	全专业	包含 PKPM 钢结构设计、机电设计、结构设计、建筑设计、云审查等软件
8	博超	水利水电 BIM 平台	机电及金属结构	系统主要包括设计数据平台、工程设计平台、工程综合平台、设计信息发布平台四部分
9	Tekla	Tekla Structures	建筑、结构	面向生、结构的 BIM 深化设计软件
10	Graphisoft	ArchiCAD BIM	全专业	BIM 协同设计软件，同时进行建筑的能量分析、热量分析、管道冲突检验、安全分析等应用

表 A－2　　水利水电 BIM 联盟部分成员单位自主研发 BIM 软件列表

序号	公司	软件名称	适用对象	特　　点
1	水利部水利水电规划设计总院	BIM＋GIS 工程数字门户	水利水电工程建设管理期信息化管理	（1）使用该平台管理用户，实现“一处登录，系统通行”的特点：即用户只需要在门户系统登录后，即可无缝访问权限内的其他系统，无需反复多次登录； （2）实时跟踪记录用户访问系统功能的路径轨迹，真实记录用户的增删改查、浏览等操作，保障数据、应用系统的安全，做到“用户行为轨迹可查询可追溯”
		BIM＋GIS 工程全生命周期支撑平台	BIM＋GIS 数据多维度管理	提供跨平台 BIM 模型轻量化导入、BIM 模型数据管理、BIM 模型操作、BIM＋GIS 场景展现、二次开发应用等功能。在平台内建设 BIM 轻量化平台，融合工程 GIS 场景，针对不同参与方使用不同的 BIM 软件，实现跨平台 BIM 模型轻量化导入，对 BIM 模型数据进行统一组织、存储、管理与检索，融合 BIM＋GIS 场景进行数据的加载、流程操作和显示

续表

序号	公司	软件名称	适用对象	特　点
1	水利部水利水电规划设计总院	智慧水利工程辅助决策系统	工程建设期辅助决策	辅助决策系统，以决策主题为重心，起到帮助、协助和辅助决策者的目的。智慧水利工程辅助决策系统，采用 Java 技术体系构建，主要包含安全姿态、质量态势、资金态势、进度态势、场景仿真、功效分析等核心功能。该软件通过单点登录即可使用，其中安全态势通过统计分析方法，从全线工程、标段、施工工区不同层级实时构建工程安全的数字画像
		智慧水利工程大数据分析与应用系统	水利水电工程各阶段数据分析、管理	具备统一数据资源的特点。各类数据通过采集、汇聚、清洗、加载、服务等过程进入工程数据中心，实现一数一源，一源多用。系统通过共建共享共用的管理模式，为工程建设与管理提供数据分析与应用服务
2	中国电建集团成都勘测设计研究院有限公司	模飞 ModelFair	全专业	模飞 ModelFair 是一站式三维场景交互云平台，实现 BIM 模型一键上云，即开即用，极速浏览，客户协同： （1）大体量模型加载快速响应； （2）自动化模型轻量化转换服务，百万数量级别零件瞬间加载，最大限度满足模型配置需求； （3）强大的设计、分析工具，提供超过 180 种分析工具，全面解析模型，辅助决策； （4）全覆盖主流模型文件格式与标准，稳定兼容全部主流设计及建模软件文件格式，共支持超过 70 种不同文件格式类型； （5）即插即用-应用系统组件式快速集成，无缝集成，提供性能强大 API 开发者平台； （6）多终端支持（PC/WEB/移动端），兼容平板电脑，智能手机，桌面电脑的所有操作系统。无论身在何处，都可轻松访问查看模型； （7）基于云服务的大体量模型渲染技术，数据资源一键上云，无需担心下载时间、内存或显卡性能
		规建管一体化平台	全专业、全生命期	基于 BIM＋GIS、云计算、大数据等信息化技术，围绕工程全生命期，打通规划、建设、管理的数据壁垒，契合项目管理、业务应用和现场实施三个层级，包含规划设计子系统、建设管理子系统、运维管理子系统，是规划设计、建设和运维管理全过程一体化的 BIM 平台

续表

序号	公司	软件名称	适用对象	特　点
2	中国电建集团成都勘测设计研究院有限公司	智慧机电管控平台	机电、施工管理、运维管理	智慧机电管控平台针对机电工程全生命周期的精细化管理，结合工程业务开展 BIM 技术的深度应用，实现对工程质量的全过程监督与管控、工程进度的三维可视化实时展示与分析、关键设备的全生命周期状态跟踪等
		RebarSmart 钢筋设计系统	水工、施工	RebarSmart 数字化钢筋设计系统是一个通用的钢筋设计工具，其灵活高效的布筋和出图能力，可适用于土木水利行业的各个土建专业，包括水利、水电、建筑、市政、港航、桥梁、隧道、风电等专业，实现了“三维布筋、三维校审、自动标注、工程量统计、下料加工、数字发布”的完整流程，适用于土木水利行业的工程大体积、复杂结构的钢筋数字化设计，也适用于规则标准结构的钢筋数字化设计和模型管理
		CableSmart 电缆敷设系统	电气	CableSmart 包含规格库管理模块，桥架设计模块，编码管理模块，模型检查模块，电缆清册模块，电缆敷设模块，桥架标注模块，可实现自动敷设及统计
		FamilySmart 族库管理系统	全专业	企业级族管理系统，可实现族的上传、下载、审核、分类、个人中心、权限管理、基本信息查看、统计分析等功能，系统扩展性强、灵活性强、定制化程度高
3	黄河勘测规划设计研究院有限公司	BIM 工程管理平台	水利工程建设与运行管理单项应用	提供工程模型的统一管理，能够完成模型的自动轻量化处理，为业务系统提供 BIM 服务，通过数据集成实现对建设管理的进度、质量、安全，以及运行管理的设备运行监测、设备管理、安全监测等提供可视化管理，能够与业务系统快速集成、数据关联、服务发布，支持与多个 GIS 平台进行集成，实现 BIM＋GIS 手段对水利工程建设与运行进行管理
		云河地球	水利水电工程全生命期可视化	近 20 年三维 GIS 及仿真技术在水利行业应用的基础上，通过虚拟现实底层技术开发了三维 GIS 软件平台，可实现多格式 BIM/GIS/DEM/DOM/倾斜摄影/矢量等多源数据的导入，并提供基于云河地球的多端应用开发功能，为长距离、大场景工程提供可视化、具备二次开发能力的解决手段

续表

序号	公司	软件名称	适用对象	特　　点
3	黄河勘测规划设计研究院有限公司	BIM+GIS建设管理系统	水利水电工程建设期项目	以PMBOK、EPC管理规范等现行管理体系为基础，通过梳理工程进度、质量、安全等建设期核心内容，将BIM/GIS/IOT等现代信息技术赋能建设管理核心要素，实现工程建设可视化、数字化、智能化管理，提升工程建设精细化管理水平
		BIM+GIS运行管理系统	水利水电工程运行期项目	以BIM/GIS/IOT/无人机等技术为核心赋能传统运行管理多过程，实现工程巡检、维修养护、应急管理、资产管理、设备管理等内容的可视化、智能化管理，适用于长距离引调水工程、水库、堤防、河湖渠道、水电站等工程
		工程勘察数字采集信息系统（GEAS）	水利水电工程勘察信息数字化采集	系统包括项目管理、地图管理、任务管理、数据采集、数据管理、数据输出、地图导航、系统管理等功能模块，解决了GIS与CAD空间数据双向导通与无损转换、GNSS定位与工程地图实时关联等技术难题，实现了对地质测绘、勘探编录、现场原位测试与试验等外业勘察信息的高效、标准化数字采集
		工程地质综合基础信息平台（GEIS）	水利水电工程多源异构勘察信息综合管理	平台建立了工程勘察信息分类与编码技术标准，编制了工程勘察数据库表结构及标识符，解决了与其他平台软件的数据共享问题，实现了多源异构勘察数据的深度整合与规范管理，提升了勘察数据的查询统计、分析计算、图表绘制、数据转换等工作效率
4	中国电建集团昆明勘测设计研究院有限公司	基于BIM的大坝安全监测预警平台	运维管理	利用BIM手段实现大坝安全监测布置可视化、状态可视化（位移场、应力场、温度场）以及实时在线预警
		水利水电工程智慧运维平台	运维管理	基于BIM+GIS技术，面向流域级、厂站级等水利水电工程的运维管理，达到透彻感知、实时在线、智能预警和提质增效的目的
5	中国电建集团北京勘测设计研究院有限公司	工程地质内外业一体化平台	工程地质勘测设计	软件以地质专业作业流程为主线、以专业技术需求为基础，利用信息化新技术，结合移动终端技术、GPS技术、GIS技术、地质三维建模技术、计算机辅助设计（CAD）技术，实现覆盖工程地质专业内外业各种工作需求的一体化信息平台； 平台以工程地质数据库为数据核心，开发了包括工程地质外业数据采集系统、数据管理系统、数据分析系统、三维建模及可视化分析系统、CAD绘图系统五大子系统，包含多款工程应用软件

续表

序号	公司	软件名称	适用对象	特　点
5	中国电建集团北京勘测设计研究院有限公司	水利水电数字化建管平台	水利水电工程建设期全阶段数字化管控	水利水电数字化建管平台以服务工程全生命周期为目的，聚焦建设期工程项目的业务管理，以工程质量、进度、投资管理为主要目标，通过引入智能传感、UWB、RFID 等物联设备，结合全球定位技术（GPS）、计算机技术、互联网技术、网络及无线传输技术，实现工程建设期安全、信息、资源的统筹管理； 平台以工程数据中心为根本，建设工程全局数据驾驶舱，基于自主研发的“BIM＋GIS”可视化引擎，开发包括智能大坝、质量管理、进度管理、安全管理、档案管理、机电物资管理、设计评审与管理、料源上坝管理、视频监控、工程巡检管理、人员车辆管理、数字化移交管理等主要功能模块。同时，平台以 BIM 模型为载体，为运维期提供建设期有效信息，实现建设期和运维期的平稳过渡
		HydroE 三维可视化引擎平台系统	适用于水利水电、建筑、市政等工程 BIM 数字化项目	引擎平台分为模型轻量化处理模块、模型后台存储管理模块、三维渲染显示模块，二次开发 SDK。引擎平台支持 C/S 端、B/S 端使用，支持多种主流 BIM 模型的转换和加载显示，支持网络加载，具有独有的自定义加密数据格式，支持大规模模型的加载和渲染，支持双视口对比、模型属性绑定、三维视点、自定义颜色、模型显隐、自定义标注、精准剖切、三维测量等三维功能，并采用统一的二次开发 SDK
6	中国电建集团中南勘测设计研究院有限公司	机电工具集	机电	主要功能包括管网水利损失计算、防雷以及复杂机电单体参数化建模工具模块，其中复杂单体参数化建模主要包括尾水管参数化建模以及蜗壳参数化建模两个工具
		工程地质三维设计系统一期	地质	系统（PowerGeo）由数据端、图形端两部分组成，是一款集数据管理、三维建模及分析、智能出图、自动成果统计等功能的标准化三维设计系统
		大体积混凝土配筋系统	水工	系统主要功能包括单面、多面、体、联合和曲面进行配筋，并且对于特殊体还提供了止水、牛腿和加强筋的功能，同时为了满足特殊情况还提供了自定义配筋

续表

序号	公司	软件名称	适用对象	特　点
6	中国电建集团中南勘测设计研究院有限公司	辅助标注软件	设计	PowerDim主要功能包括辅助工具、尺寸标注、特性标注、文字注释、输入符号、图表类和相关标准定制
		过水建筑物及水力学计算工具	水工	主要功能包括泄洪建筑物参数化建模及水力学计算、输水建筑物参数化建模及水力学计算、导流隧洞建筑物参数化建模及水力学计算
7	中国电建集团贵阳勘测设计研究院有限公司	慧建管-构件信息管理平台	多专业构件信息拓展管理	项目跨行业、跨参与方构件类型动态拓展、协同、审核、编码管理，为BIM构件提供唯一的身份信息
		慧建管-Revit编码工具	BIM快速编码	无缝对接贵勘数字®慧建管-构件信息管理平台，支持多方并行、批量、准确地为Revit构件自动编码
		CivilSpace土建三维设计系统	水利水电工程三维设计	土建三维设计系统是基于扩展化知识构件开发智能化、一体化三维设计平台，采用易用、友好、快捷的导航界面完成土建结构快速建模、计算分析、工程出图及工程量计算等一体化功能，真正实现BIM建模流程固化、知识传承，具有更低的操作门槛、更好的用户体验、更高的产品质量和工作效率
8	中水北方勘测设计研究有限责任公司	三维查勘系统	全专业	基于BIM+GIS技术搭建大场景可视化平台，实现高精度GIS数据、BIM数据和各种专题数据融合展示，提供飞行漫游，快速方案布置，不同方案分屏对比、地图量算、空间分析、挖填量分析等功能，辅助设计人员在工程前期室内查勘，策划查勘方案，工程快速布置；通过数据采集、资料收集融合多专业数据成果，将数字化成果转为信息服务，更好地服务于勘测设计工作
9	中铁水利水电规划设计集团有限公司、江西武大扬帆科技有限公司	水工程综合管理平台	水利工程建设和运维管理	系统采用物联网技术对水资源现状信息进行采集、传输、应用，同时通过BIM+GIS技术进行全面、准确且精细的可视化三维展示，最后运用大数据分析，实现水利工程、水资源的信息化、科学化展示、分析、管理

附录 B

珠江三角洲水资源配置工程信息化建设

B.1 项目概况

珠江三角洲水资源配置工程（以下简称“珠三角工程”）从西江引水向珠江三角洲东部的广州市南沙区、东莞市和深圳市供水，解决城市生活、生产缺水问题，提高供水保障程度，为香港特别行政区以及广东省番禺、顺德等地区提供应急备用供水条件。珠三角工程是提升粤港澳大湾区水安全保障的战略性工程，是世界上输水压力最高和盾构隧洞最长的调水工程，是珠三角核心区长距离深隧输水工程，也是珠三角地区生态配水工程。工程由“一条干线、二条分干线、一条支线、三座泵站、四座交水水库”组成。工程总投资 354 亿元，输水线路总长度 113.2km。其中，输水干线总长 90.3km，深圳、东莞分干线分别长 11.9km、3.5km，南沙支线长 7.4km，采用管道和隧洞输水；新建鲤鱼洲、高新沙和罗田 3 座提水泵站，泵站总装机容量 14.4 万 kW；新建广州市南沙区高新沙水库，总库容 482 万 m^3，依托已建成的东莞市松木山水库、深圳市罗田水库和公明水库。

珠三角工程以“打造新时代生态智慧水利工程”为建设目标，提升工程“预报、预警、预演、预案”能力，锚定安全运行、精准调度等目标，开展工程精细建模、业务智能升级，构建现代化的数字孪生水利工程。为实现水利工程在工程信息化、数字化和智能化的突破，在广东粤海珠三角供水有限公司（以下简称“珠三角公司”）和水利部水利水电规划设计总院（以下简称“水规总院”）的全力支撑下，工程全方位推进智慧工程顶层设计和实施建设，以期实现“数字设计、智能建造、智慧运维”。水规总院围绕项目建设目标牵头实施，打造珠三角工程全生命期 BIM+GIS 系统平台应用体系，在水利工程中建设基于 BIM+GIS 技术的安全、质量、进度、投资等四大态势，掘进状态一览、安全监测可视化分析、地面场景 720 虚拟现实呈现和 VR/AR 体验等四大专题应用，为工程建设和管理提供工程级、标段级和工区级的态势展示与分析决策支持。

B. 2 工程信息化总体架构

按照“需求牵引、应用至上、统一规划、分步实施、大系统设计、分系统建设、模块化链接”的原则，设计珠三角智慧水利工程信息化总体架构，主要包括一张工程信息网络、一个工程信息大脑、八大智慧应用。一张工程信息网络主要由实现各类监测设备互联互通的物联网、管理机构和泵站内部的计算机网络和实现各类信息安全高速传输的骨干信息通信网组成。一个工程信息大脑主要由工程计算云、工程大数据和工程信息支撑服务构成。八大智慧应用包括智慧建管、智慧监管、智慧决策、智慧生态、智慧调度、智慧应急、智慧运维、智慧体验，实现工程全生命期智慧化运维与管理。总体架构见图 B. 2－1。

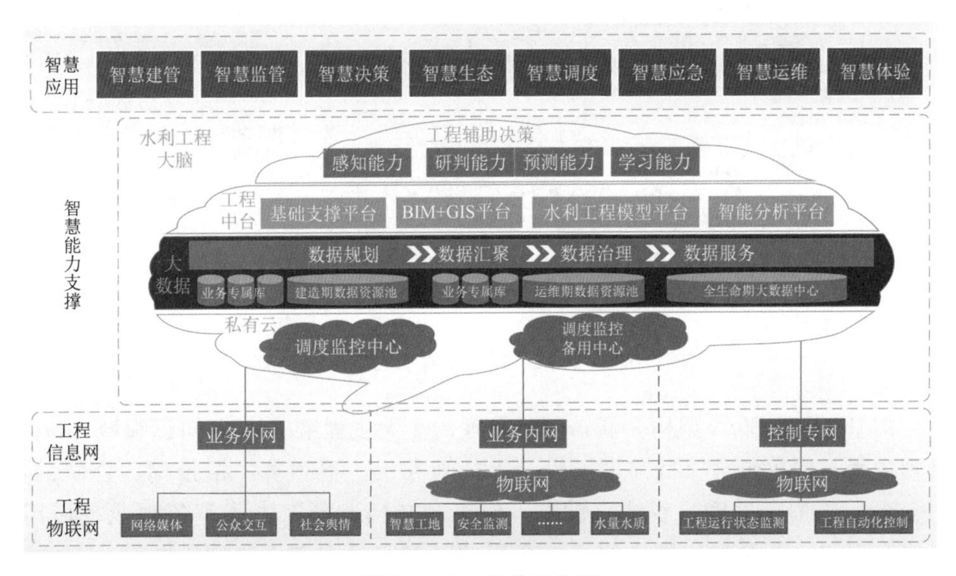

图 B. 2－1 总体架构图

将工程 BIM 数字模型、工程周围地形地貌、倾斜摄影数据、工程业务与管理数据等进行融合，在工程建设的全生命期中，利用大数据、物联网、云计算、人工智能、移动互联等技术，进行多维度综合分析和计算。通过信息关联得到重要细节，找出内在规律，发现工程建设与管理过程中安全、质量、进度、投资等方面的发展趋势和问题。利用 GIS 的精准地理坐标信息、叠加展示等能力，实现问题定位、可视化监控、跟踪处理，实现工程全生命周期动态可视化管控，为管理层重大决策提供切实有效的支撑。

B.2.1　智慧应用

B.2.1.1　“珠水管家”——智慧建管系统

珠三角工程的智慧建管系统，主要包含项目管理（即 PMIS）、工程档案管理、征地移民管理等三个应用，从宏观管控到微观展现，从项目启动到工程验收，从工程进度到项目投资，涵盖了工程建造期的项目建设管理全要素、全过程，以全面服务于工程管理人员及相关业务部门。其功能架构见图 B.2－2。

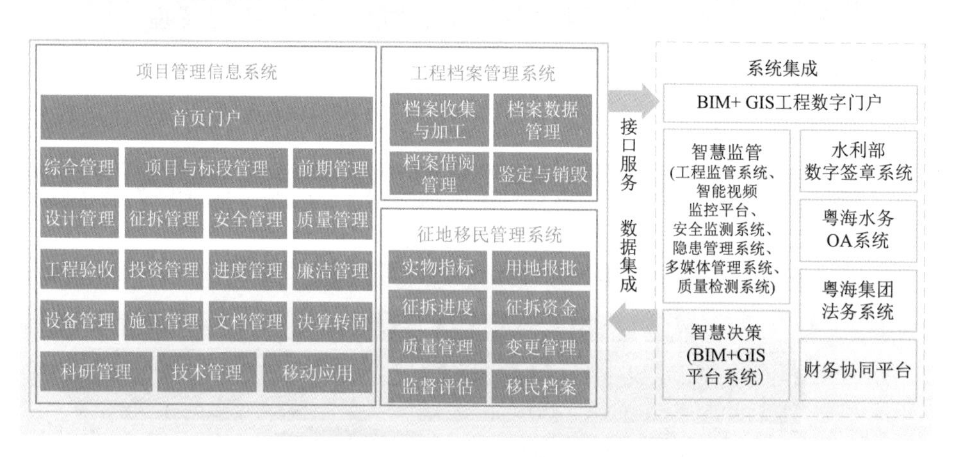

图 B.2－2　智慧建管功能架构

PMIS 基于 SOA 架构，涵盖项目管理的 5 大过程组、10 大知识领域、47 个管理过程，构建包含项目前期、设计、征地移民、概预算、招投标、合同、工程变更、质量、进度、廉洁、设备、施工、文档、竣工决算等各项业务应用，最终实现“线上管理、操作留痕、全程共享、实时查询、向投资要效益”的信息化、精细化、痕迹化、效益化目标。

B.2.1.2　“珠水之镜”——智慧监管系统

珠三角工程智慧监管系统是全线工程监督管理的智慧抓手，集成数字工地、质量监测、安全监测等相关系统，围绕“人、机、料、法、环”等现场关键要素，依照“智能感知、全面管控、文明施工”的原则，通过物联网技术的应用，建立物联网与统一数据标准，在人员出入、关键设备设施的位置部署实时感知设备，对施工过程中的重点关注对象进行感知覆盖。通过业主及各参建单位的共同参与，形成全过程、全方位的安全施工、文明施工的监管平台，实现智能化识别、定位、追踪、监控和管理，及时发现施工现场存在的安全隐患，落实对工程现场施工安全、质量的实时化监管，解决工程现场监管难、责任落实不到位的问题，从而防范工程事故风险。其功能设计见图 B.2－3。

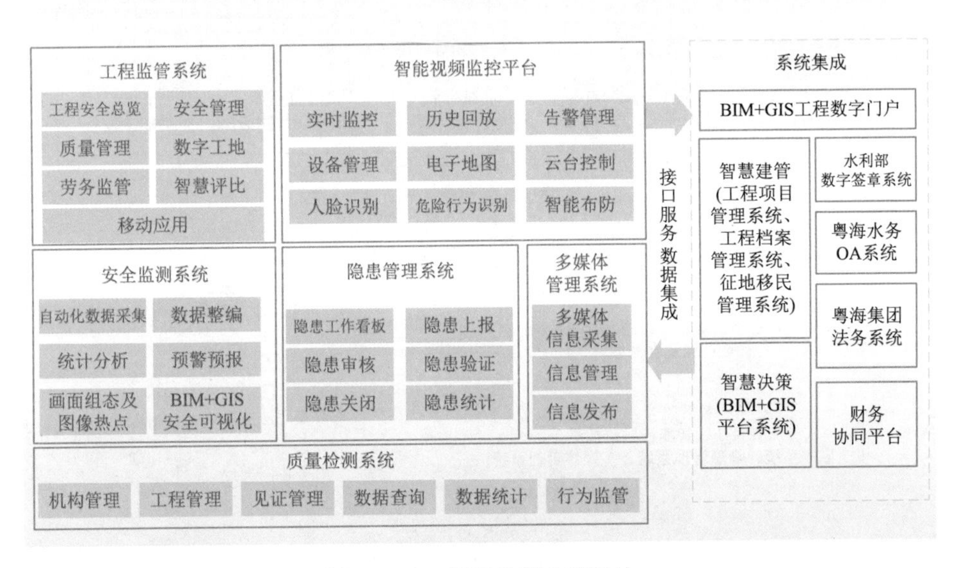

图 B.2－3　智慧监管功能设计

B.2.1.3　“珠水之旗”——智慧决策系统

珠三角工程 BIM＋GIS 辅助决策系统是管理层用来进行战略、经营、执行的辅助手段，利用大数据、人工智能等技术，统计分析建造期施工监控数据、运维期水量调度数据、运维检修数据、安全应急数据等，从中发现各种变化趋势（如进度、质量等方面），实现“预报、预警、预演、预案”的能力，为管理层重大决策提供切实有效的支撑。其功能设计见图 B.2－4。

B.2.1.4　“珠水之蓝”——智慧生态系统

珠三角工程智慧生态系统基于物联感知体系，完成大气、噪声、环境等监测数据、视频数据的采集与汇聚，针对建造期的水土保持和施工环境、运行期的水环境水生态监测预警和监督管理，建设生态问题可及时发现、环境违规可在线处理、奖项评比可落地实施的智慧生态应用，打造“珠三角工程的碧水蓝天”，促进“打造新时代生态智慧水利工程”目标的实现。其功能设计见图 B.2－5。

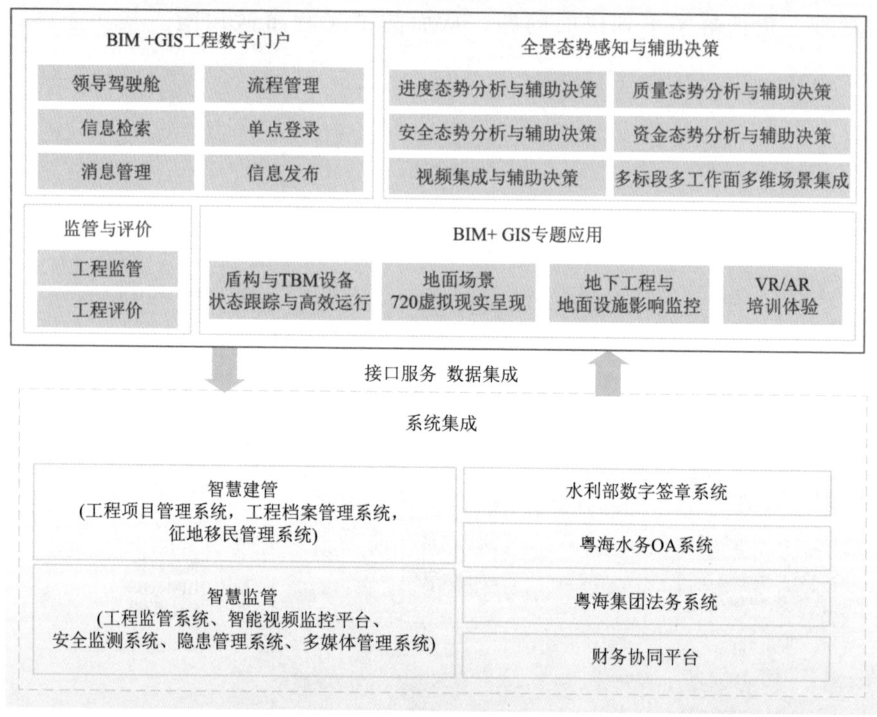

图B.2-4 智慧决策功能设计

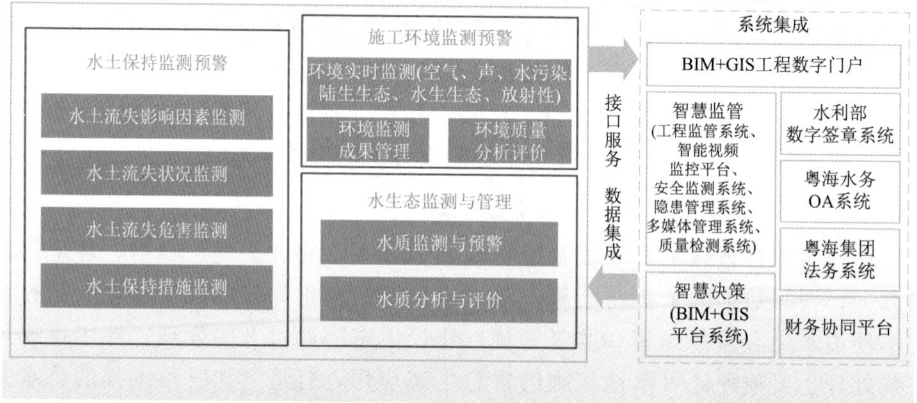

图B.2-5 智慧生态功能设计

B. 2. 1. 5 “珠水之舵”——智能调度系统

珠三角工程智能调度系统基于物联网、云计算技术，与 BIM＋GIS 系统平台、调度安全监测、智慧监管、自动化监控等系统充分集成打破信息孤岛，基于用水需求、供水能力、工程监测等信息的全面整合，统筹建设调度运行监控、常规调度管理、工程运行控制、应急调度管理、调度评价管理、调度会商等功能，构建智能、安全、实用、高效的智能调度体系，实现工程优化调度，为管理层调度运行决策提供平台支撑，为工程“关门运行”提供应用支持。其功能设计见图 B. 2－6。

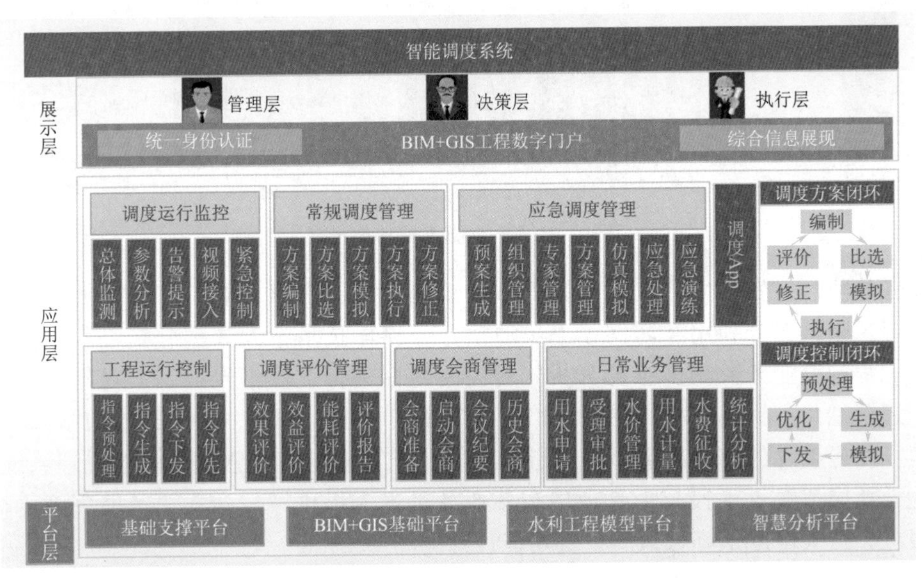

图 B. 2－6　智能调度功能设计

B. 2. 1. 6 “珠水之舟”——智能维护系统

珠三角工程智能维护系统为工程安全运行提供主要抓手，基于物联网、云计算、VR、智能机器人等技术，与 BIM＋GIS 系统平台、项目管理信息、安全监测、智慧监管等系统充分集成打破信息孤岛，提高工程巡查、设备检修、资产管理的智慧水平。巡检过程中运用视频分析、红外监测分析等技术手段，对工程进行全方位、无死角巡视。通过各子系统间的联动，实现检修故障监测数据分析建模、巡视计划智能调整、处置方案自动生成、组织会商自动通知等功能，为工程安全运行提供智慧支撑。其功能设计见图 B. 2－7。

B. 2. 1. 7 “珠水之号”——智慧应急应用

智慧应急应用针对珠三角工程区域事件、施工安全、大坝险情、隧洞险情、

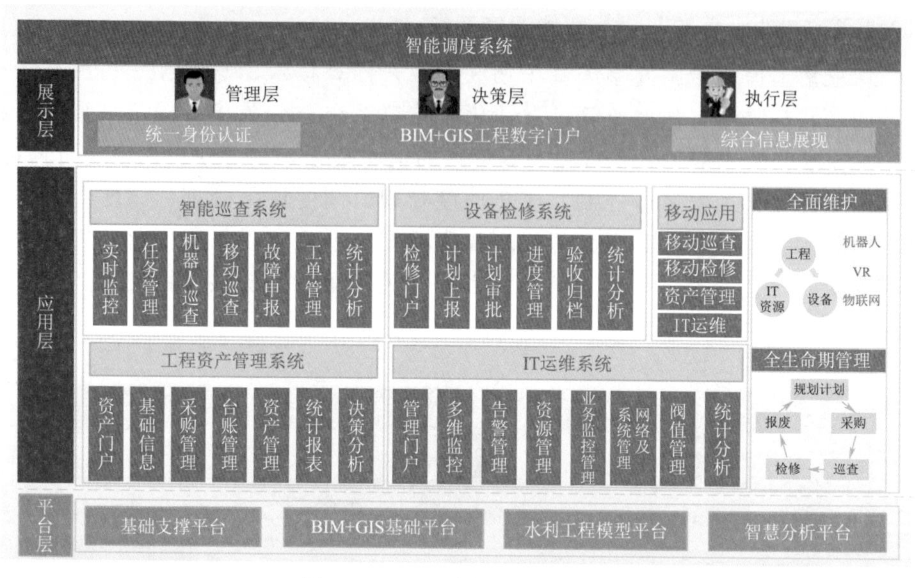

图 B.2-7　智能维护功能设计

设备故障、突发事件、重要汛情等重大工程事故、重大自然灾害、重大人为事件等风险，充分利用互联网、卫星通信、云计算技术、大数据分析，实现珠三角工程的全业务数据多维度分析，对关注指标进行上浮汇聚展示，对问题的原因逐层细化、挖掘分析，在制定相应应急预案、响应方案、处置措施的基础上，建立相应事件的会商决策、调度指挥机制，开发智能化应急事件监控管理系统，为快速应急提供手段，为管理层和各业务负责人提供“一站式”辅助决策支持服务，最大限度地降低风险。其功能设计见图 B.2-8。

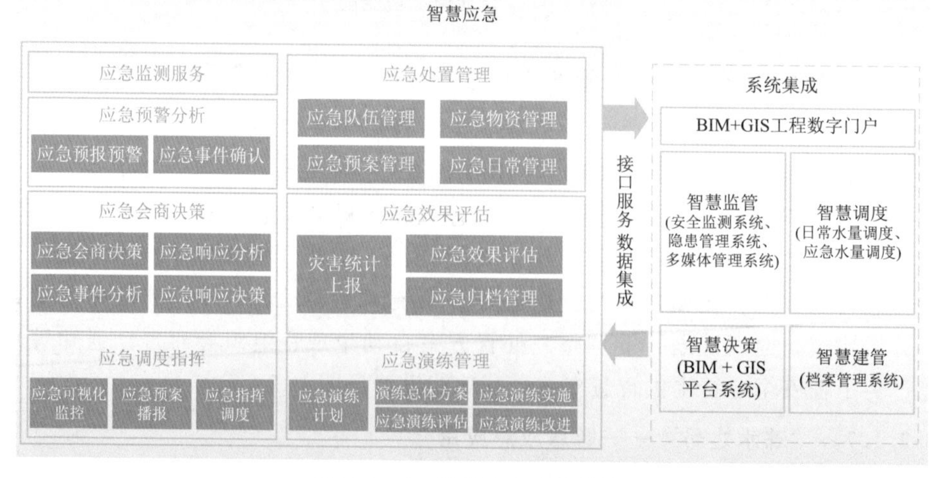

图 B.2-8　智慧应急功能设计

B. 2. 1. 8　“珠水之窗”——智慧体验应用

珠三角工程智慧体验应用是让社会公众体验“知水、感水、爱水、护水”新理念的窗口，运用新媒体（微信、短视频、头条等）、新技术（AR/VR、全息投影、BIM＋GIS 等）资源，综合利用软硬件设备、虚拟和现实实体环境，兼顾宣传与培训工作，“策采编发运”一体化推动，构建以多媒体宣传、全景三维电子沙盘和 AR/VR 智慧珠水体验中心为核心的珠三角工程特色数字体验系统，深入发掘工程的来源、建设意义、施工难度、工程效益、建设者事迹、工程精神价值等，让公众更加深入、全面、系统地了解工程文化、工程精神价值。其功能设计见图 B. 2－9。

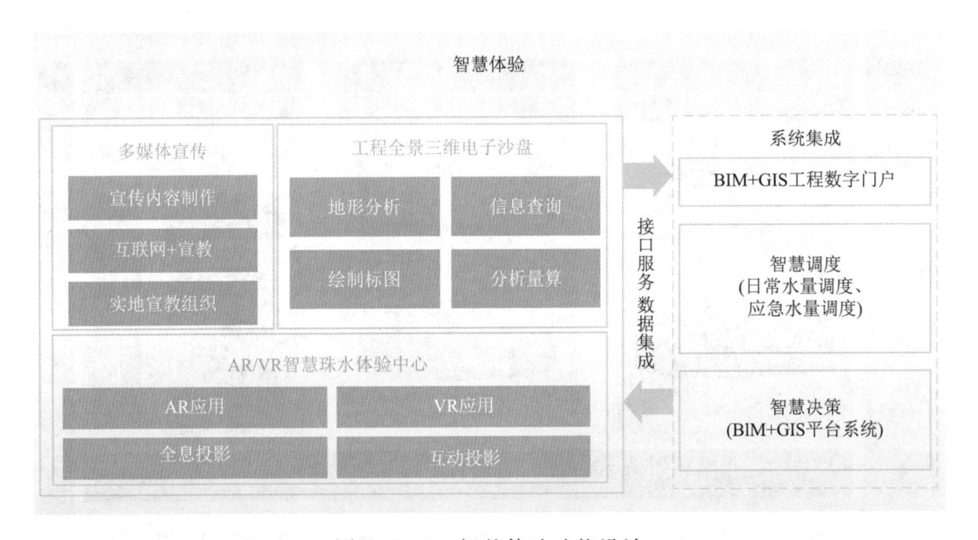

图 B. 2－9　智慧体验功能设计

B. 2. 2　应用支撑服务

珠三角智慧水利工程建设了全生命期的基础支撑平台、BIM＋GIS 系统平台、水利工程模型平台以及智能分析平台。基础支撑平台提供企业服务总线、微服务管理、即时通信服务、统一用户服务、基础 AI 服务等功能。BIM＋GIS 系统平台为建造期和运维期业务应用提供跨平台 BIM 模型轻量化导入、BIM 模型数据管理、BIM 模型操作、BIM＋GIS 场景展现、二次开发应用等功能服务。水利工程模型平台为工程全生命周期提供包括需水预测模型、水量分配模型和工程优化调度模型等水利专业分析模型。智能分析平台为工程建设管理提供智能视频分析、工程安全大数据分析、物联监测数据分析等基础预测预报模型。

B.2.3 工程大数据中心

工程大数据是智慧工程全生命期标准化、高复用、可扩展的数据资产。工程大数据中心聚合工程全量数据，基于大数据平台为全生命期智慧应用提供数据综合分析服务，为智慧建造、智慧运维提供数据、信息、知识，支撑建造期和运维期的智慧应用，构建“两池一中心”，实现智慧工程数据统一标准、统一环境、按需服务。建造期数据资源池为智慧应用提供数据共享服务；运维期数据资源池延续建造期数据标准，扩展运维期数据资源，为工程智慧管理提供基础数据、BIM 数据、空间数据、监测数据、业务共享数据、多媒体数据服务，见图 B.2－10 和图 B.2－11。

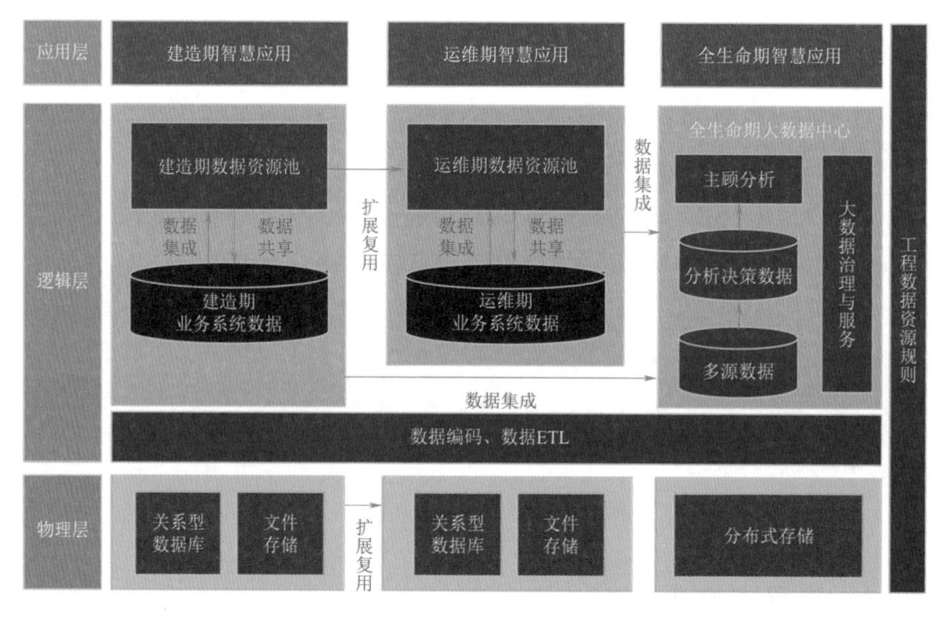

图 B.2－10 工程大数据架构

B.2.4 工程信息网（物联网）

全面互联高速可靠的工程信息网是珠三角智慧水利工程的基础设施之一，负责工程管理机构之间及管理机构与现地站之间的语音、数据、图像等信息的传递，为智能应用提供通信服务。为此，建立了智慧工地通信网、泵站通信网、工程骨干光纤网等三类通信网，以及控制专网、业务内网、业务外网等三个网络域。工程信息网实现工程物联网和通信网融合，建设期实现智慧工地与工程大脑的通信。通过管理机构和泵站内部的计算机网络工程骨干光纤网构建控制期业务内网、业务外网。运行期实现工程的全方位可视化监管，统筹构建天空地一体化

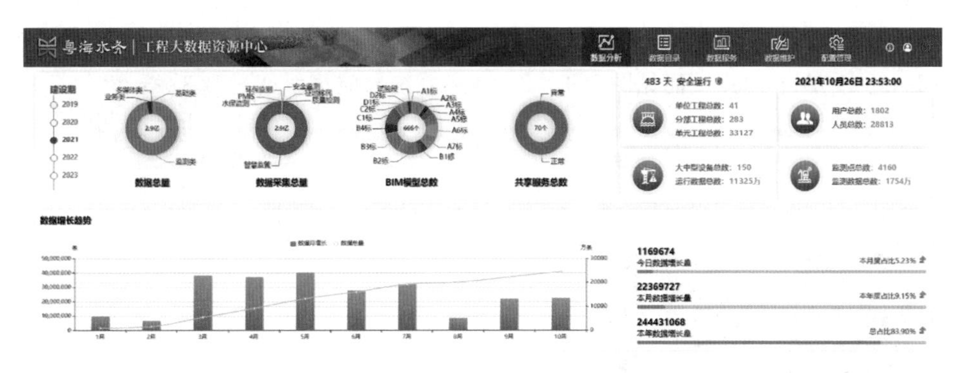

图 B. 2－11　工程大数据资源中心

工程物联网，对工程全生命期、全对象、全活动、全要素的信息进行全面的信息感知及采集，建设天空地全对象全要素的监测站网、敏捷可靠的自动化控制系统、多类接入多源汇聚的物联网平台，为工程的建设管理、水量调度管理等业务提供全面的基础支撑数据，提升珠三角工程复杂条件下的感知能力。

B. 3　BIM 技术在工程建设管理中的应用

基于 BIM＋GIS 系统平台对珠三角工程的空间数据、工程基础数据、安全监测数据、质量检测数据、业务数据、设备设施状态及环境数据等进行全面的数据集成、信息融合、知识共享、可视化展现，解决工程建设周期较长、工程线路长、地质条件复杂、建设难度大、参建方多、管理难度大等问题，实现不同层级参建者信息有效交互与业务协同，保障整个工程管理的高效有序；实现工程精细化管理与一体化管理，辅助管理者多维度掌控工程动态，合理进行科学决策；实现工程施工和运行安全管理；为应急响应提供决策依据；实现全生命期信息共享与知识服务，实现水利工程“数字设计、智能建造、智慧运维”。

B. 3. 1　工程数字门户

珠三角工程数字门户是工程数据集成和展示的平台，在业务数据积累的基础上，基于 BIM＋GIS 系统平台，萃取工程安全、进度、质量、投资等关键指标和信息，以图、表、二维和三维地图展示、分析，支撑工程建造总体情况的管理和决策。工程数字门户将遵循统一出口和统一入口的原则，建设珠三角工程项目用户管理的统一服务和单点登录认证体系，为各业务应用系统提供统一的用户管理与登录认证服务。集成 BIM＋GIS 系统平台、PMIS、智慧监管系统、征地移民系统等，实现用户“一次登录，全网通行”的目标。工程数字门户分为 PC 端门户和 App 门户，聚合工程建设阶段的控制性关键指标，根据用户权限提供个性化服务内容，可实现现场数据展示、消息推送、信息查询等功能。工程数字门户首页见图 B.3-1，App 门户页面见图 B.3-2，业务系统导航页面见图 B.3-3。

图 B.3-1 工程数字门户首页

图 B.3-2 App 门户页面

图 B. 3 - 3　业务系统导航页面

B. 3. 2　数据集成

珠三角工程统一规划数据资源并形成数据标准，汇聚智慧建管、智慧监管、安全监测、质量检测、环保监测等应用数据，按照数据治理过程开展数据资源编码、数据抽取、数据清洗、数据加载，萃取目标数据资源并构建基础数据库、空间数据库、BIM 数据库、监测数据库、业务共享数据库、多媒体数据库等六类数据库。利用关系型数据库管理系统和分布式文件系统环境支撑，通过分布式资源调度、分布式存储管理和分布式数据服务技术，完成结构化、半结构化和非结构化数据的统一管理和服务，为 BIM+GIS 系统平台提供数据服务，为智慧应用提供数据共享。水利数据对象分类分级设计见图 B. 3 - 4。

B. 3. 3　应用场景

B. 3. 3. 1　工程建设实时看板

基于 BIM+GIS 系统平台，构建工程建设实时看板，将工程的安全、质量、进度、投资等业务数据集成整合，摘录出与工程相关的关键性指标和信息，以图表、表格、三维场景等形式展示项目各类业务的指标，深入挖掘项目管控中隐藏的风险点，抓住主要问题，对潜在问题提早预警，实现可视化管理，总体把握工程总体情况，从而更好地实现工程管理目标。工程建设实时看板见图 B. 3 - 5。

B. 3. 3. 2　工程管理

针对珠三角工程各参建单位施工进度、工程质量、投资信息、安全隐患等数据采集与集成，通过全生命期 BIM+GIS 系统平台与 BIM 模型、GIS 数据等进行关联，实现工程建造动态的可视化查询、展示、分析，总体把握项目进展情况。

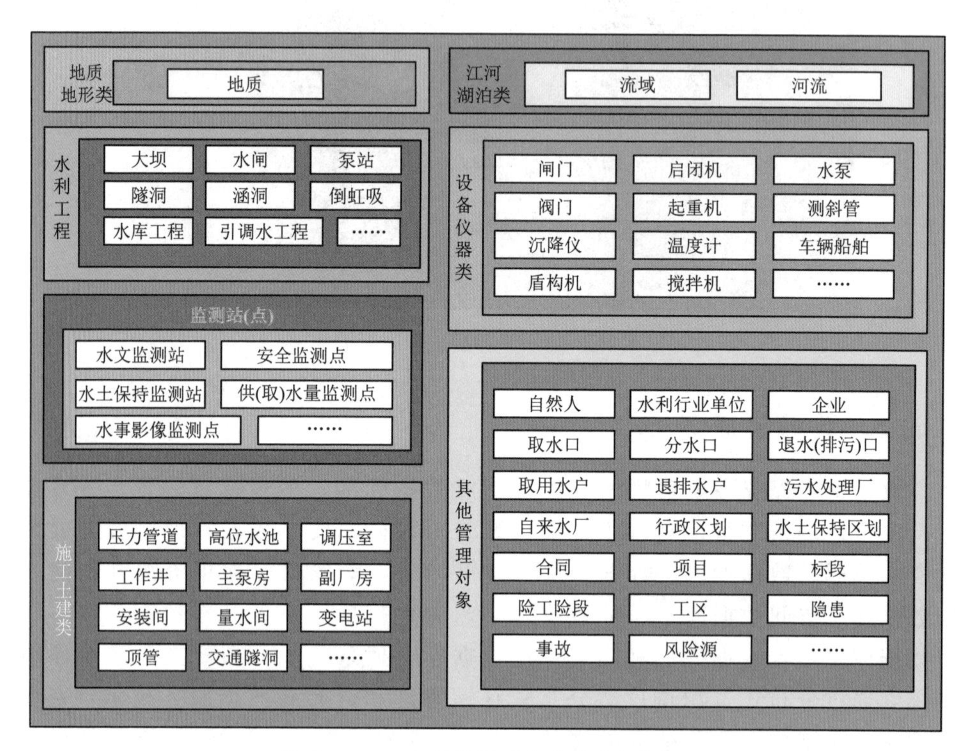

图 B.3-4 水利数据对象分类分级设计

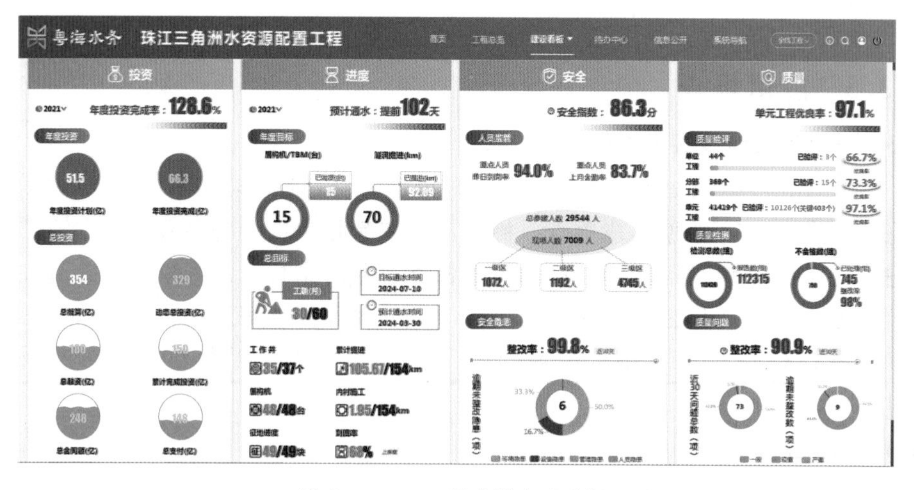

图 B.3-5 工程建设实时看板

B.3.3.2.1 安全态势

采用逐级深入的方式从工程级、标段级、工区级、构件级四个维度对安全态势和安全监测信息进行统计分析，满足各级用户对安全业务的需求，见图B.3-6。基于GIS+全线工程业务图层，实现工程级安全监测信息的展示与查询，主要包括安全区域分级、风险源信息展示、隐患排查、安全教育信息、人员报警信息展示等功能。

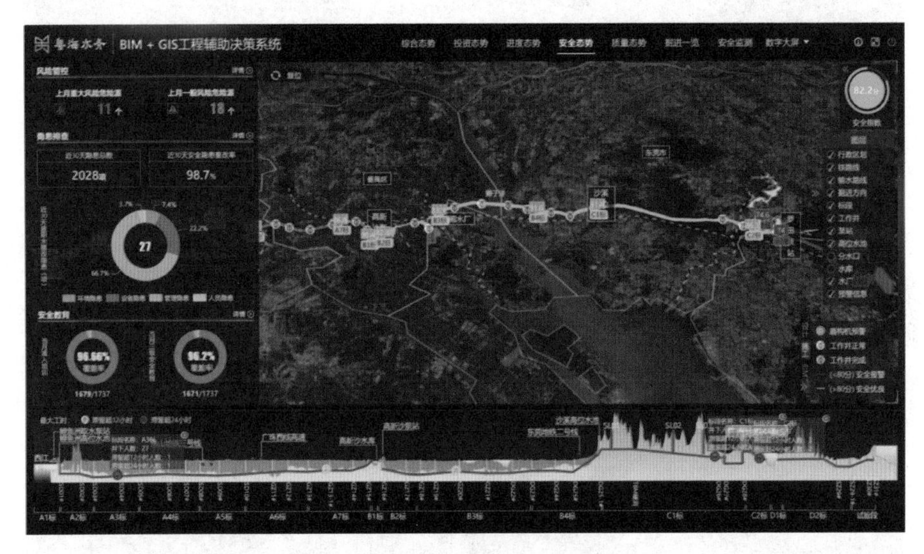

图B.3-6 工程级安全态势

B.3.3.2.2 质量态势

采用逐级深入的方式从工程级、标段级、单位工程级三个维度对质量目标、质量验评、质量事故、质量预警、质量考核、原材料追溯流程等内容进行汇总统计，满足各级用户对质量业务的需求，见图B.3-7。展示工程质量管理目标，包括项目质量评定（单位工程优良率、分部工程优良率、单元工程优良率）、质量检测信息、质量问题信息等。

B.3.3.2.3 进度态势

采用逐级深入的方式从工程级、标段级、构件级三个维度对施工进度管理信息进行统计分析，满足各级用户对进度管理业务的需求。项目总体进度态势基于GIS全线工程业务图层和BIM模型的可视化场景，实现从工程级角度展现项目总体计划工期、已实施工期、倒计时工期、进度里程碑信息、总体进度百分比、掘进长度（总长度、已完成长度、环片数量）、进度预警统计、进度风险统计、进度预测等数据，见图B.3-8。全方位、全过程掌握项目进度。

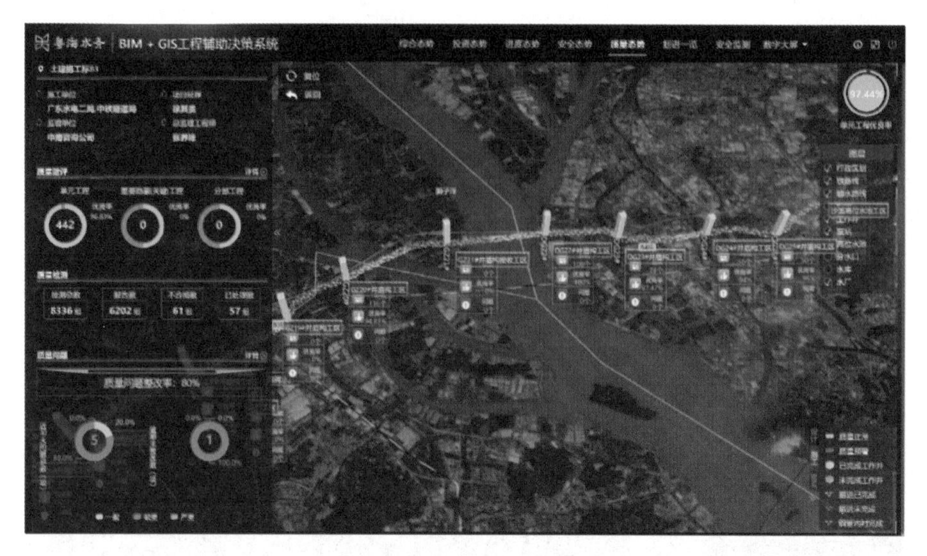

图 B.3-7 标段级质量态势

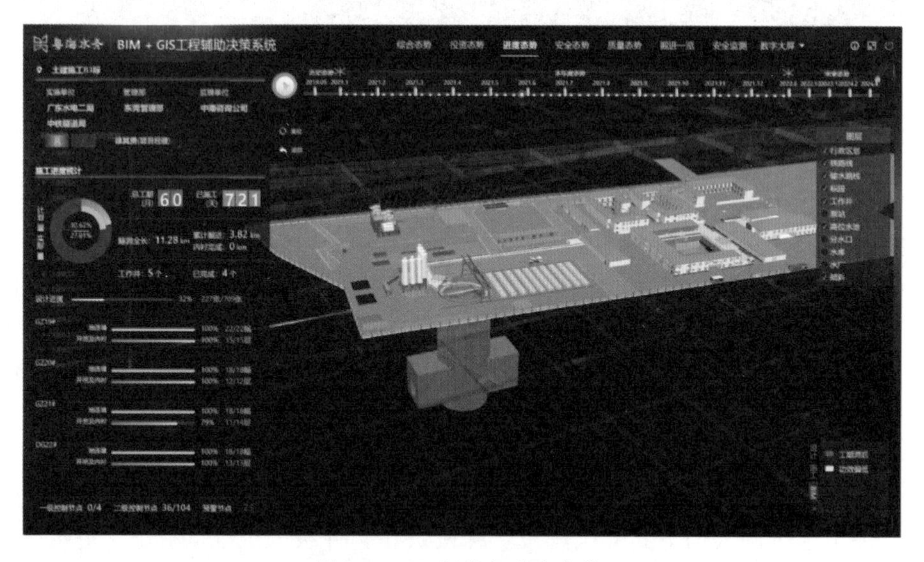

图 B.3-8 标段级进度态势

B.3.3.2.4 投资态势

采用逐级深入的方式从工程级、标段级、构件级三个维度对施工资金管理信息进行统计分析，满足各级用户对资金管理业务的需求。投资态势功能基于GIS+标段级工程业务图层，展现项目年度投资计划、资金总控、融资及支付等有关资金业务的整体情况，见图 B.3-9。用户通过投资态势页面对该标段工程项目资金数据能一目了然和全盘掌握。

图 B.3-9　构件级投资态势

B.3.3.3　可视化和精细化

B.3.3.3.1　掘进一览

基于 BIM+GIS 的掘进一览，以 BIM 地质模型和 GIS 数据为载体，在可视化三维系统下，接入施工单位和设备厂家通过设备自动感知数据，获取掘进、内衬、钢管拼装进度数据、盾构与 TBM 设备的状态数据、视频监控数据，实时反馈盾构机的掘进姿态以及设备的运行状态，指导地下掘进，同时进行综合月进尺分析和进度预警分析，辅助工程师调配生产资源；分析设备的高效运行数据区间，及时预存提供备品备件，为工程制定各类型地层与工况掘进预案提供支持，保障设备低损耗高效运行掘进工作提供安全、快速、直观的调度、监管平台（见图 B.3-10）。

B.3.3.3.2　安全监测

结合 BIM+GIS 系统平台，建立安全监测可视化应用场景（见图 B.3-11），向用户（包括各施工单位、监理单位、业主等）实时展示当前安全监测报警信息数据、施工区的空间位置及周边环境，将相应的情况预先告知施工单位，方便制定及时、可靠的专项施工方案，同时在地面交叉建筑物附近或影响范围相关区域布设监测设备，结合预案及时监控提前预警，做到地下施工与地面防范双向结合，有效防止突发事件。

图 B.3-10　掘进一览可视化场景

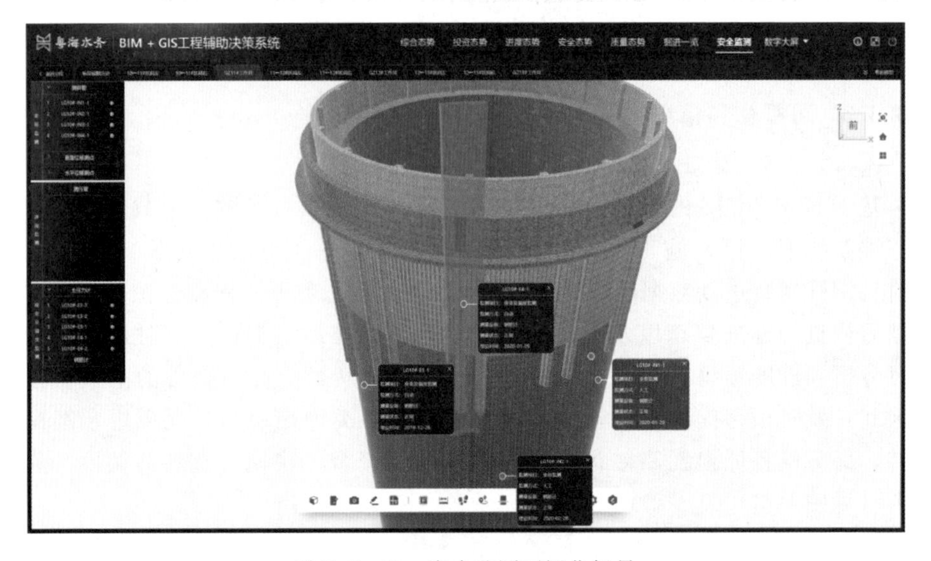

图 B.3-11　安全监测可视化场景

B.3.3.3.3　工区全景

借助无人机对鲤鱼州泵站枢纽、高新沙泵站枢纽、罗田泵站枢纽等工程全线各工区，采用多点、多角度环视拍摄方式，在GIS底图基础上，叠加影像，并进行全景图像拼接，通过时间轴功能，可追溯查看工区从无到有的演变过程。同时结合BIM模型，形成项目重点区域的三维虚拟地面场景，为项目施工调度演练提供数据支撑（见图 B. 3 - 12）。

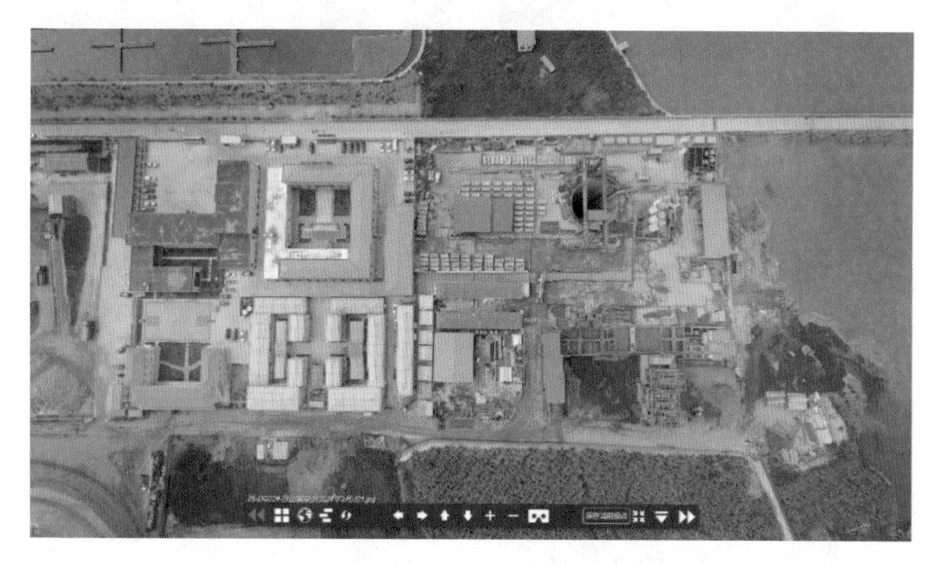

图 B. 3 - 12　地面 720 场景

B. 3. 3. 3. 4　VR/AR 应用

结合 BIM＋GIS 系统平台数据，为 VR/AR 应用提供培训场景（见图 B. 3 - 13），辅助进行施工标准化培训、施工工艺仿真、施工安全培训等。通过在 Unity 中的高度定制，将 BIM 模型快速、准确、稳定地导入 VR/AR 的 Unity 平台中，并对接模型构件的属性及外部数据，一键发布生成 EXE 文件，实现 BIM＋VR/AR 的融合应用。

B. 3. 4　关键技术

B. 3. 4. 1　BIM 模型轻量化

珠三角工程为长线性工程，参建单位众多，各方 BIM 应用参差不齐、应用软件不唯一、软件版本不统一，面临 BIM 数据庞杂、通用性低的情况。其中 BIM 数据主要分为两大类：第一类是描述几何形态的几何数据，这类数据包括三角面片、纹理数据。第二类是 BIM 构建的属性数据，如管片、底板、墙、搅拌桩、压顶梁的属性。大模型和大数据的轻量化处理需从数据压缩和数据碎片化两个方面来解决。

几何数据的轻量化通过目前主流的几何数据压缩技术来实现。此外，采用共享场景节点技术，对几何形体相同和相似的对象进行压缩，可以大大降低模型的大小。BIM 构件的属性数据采取数据库服务器的存储方式，通过唯一的 ID

图 B.3-13 工作井模型 AR 应用场景

与几何数据关联起来。只有当目标对象被查询时才会将数据从服务器端加载，从而达到了属性数据本地轻量化的目的。轻量化转换原理见图 B.3-14。

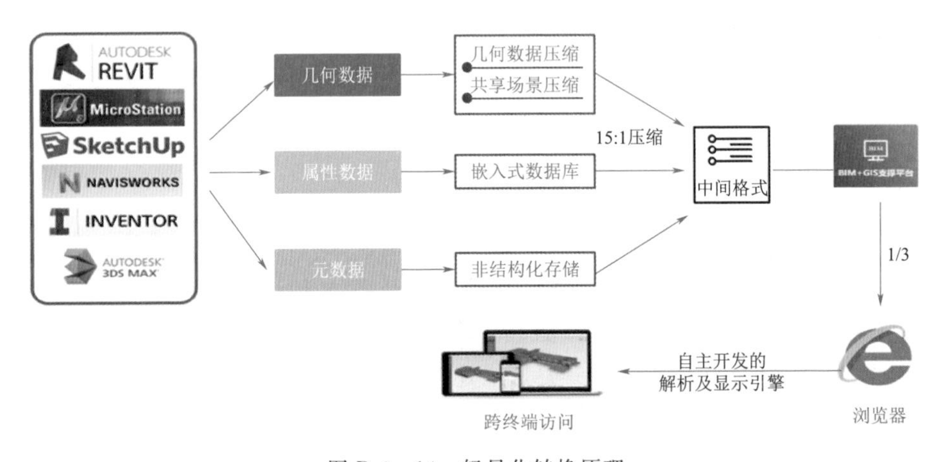

图 B.3-14 轻量化转换原理

B.3.4.2 BIM 模型数据库

BIM 模型数据库包括工程建造过程中创建的各类 BIM 模型数据。BIM 数据库存储包含工程全部内容的 BIM 模型，包括但不限于输水隧洞、输水箱涵、泵站、高位水池、水闸、水库、倒虹吸、工作井、分水口、检修井、排水井、通风井、量水间、机电设备、安全监测设备等 BIM 模型数据（见图 B. 3 - 15）。BIM 数据分类体系见表 B. 3 - 1，BIM 数据格式列表见表 B. 3 - 2。

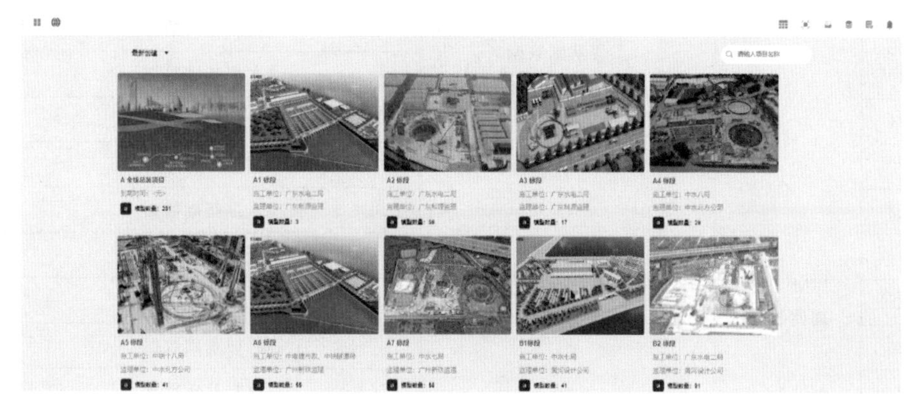

图 B. 3 - 15　BIM 模型数据库

表 B. 3 - 1　　BIM 数据分类体系表

序号	大类	中　　类	小　　类
1			挡水建筑物
2			输水建筑物
3			厂房
4			边坡工程
5		功能分类	导流建筑物
6			交通工程
7			运行管理建筑物
8			安全监测工程
9	BIM 模型		泵站
10			盾构隧洞
11			工作井
12			土石坝
13		空间布置分类	水闸
14			倒虹吸
15			高位水池
16			导流建筑物
17			交通工程

续表

序号	大类	中　类	小　类
18	BIM工程属性数据	工程基础数据	基础数据
19			河流基础数据
20			大坝基础数据
21			地形基础数据
22		模型构件属性数据	建筑物基础数据
23			水泵基础数据
24			管道基础数据
25			设备基础数据
26			机械基础数据
27			材料基础数据
28		管理类数据	人员基础数据
29			技术资料基础数据
30			项目管理类
31			运行维护类
32			土建（机电安装）工程关系数据

表B.3-2　BIM数据格式列表

序号	数据分类	创建方式	数据格式
1	多源BIM数据	Revit模型	.rvt
2		MicroStation模型	.dgn
3		Inventor模型	.ipt. iam. idw. ipn
4		Catia模型	.CATPart. CATProduct
5		3ds Max模型	.max
6		SketchUp模型	.skp
7		Navisworks模型	.nwc. nwd
8		其他	.ifc. fbx. 3ds. rvm
9	轻量化数据	转换工具	轻量化中间格式

B.3.4.3 BIM数据融合

珠三角工程将信息化、标准化后的模型与项目管理中的海量多源异构信息挂接，如安全信息、质量信息、投资信息、进度信息等，将图纸、BIM模型、文件上传至平台，档案与具体 BIM 模型挂接，便于查询和追溯，实现了 BIM 与工程管理的有机结合。

根据 BIM 模型的编码架构，以质量信息应用为例，在业务系统中将质量业务数据进行编码，通过编码将业务系统中质量相关信息，如施工方案、质量验收标准、工艺标准，与 BIM＋GIS 系统平台上的 BIM 模型挂接。基于施工过程模型或施工深化设计模型，通过移动 App 实现现场质量信息和质量等级在线填报与评定，在线上传验收现场工程影像资料，并与模型相应工程部位关联，形成关联质量验收信息的 BIM 模型。

将各专业、各构件与各专业管理信息进行有机挂接，实现数据模型的合理拆分、管理和应用。BIM 数据自动输出率越来越高，节省了相关工作上的时间、人力投入，同时 BIM 模型的标准化管理和挂接实时更新，也提高了 BIM 输出成果的实用性。BIM 数据融合为基于 BIM 的建设管理、态势感知、预警预报功能提供了基础支撑。

B. 3. 4. 4 标准体系

珠三角工程全生命周期 BIM＋GIS 系统平台建立的统一技术标准，确保了平台支撑、数据共享和信息存储、系统集成等标准统一，支撑多源异构数据汇聚、平台功能接口统一服务、业务互联互通互操作。同时，在建设过程中坚持自主创新，确保了数据安全、信息安全、系统安全和工程安全。编制了《珠三角工程设备设施标识系统编码导则》《珠三角工程智慧工地信息系统集成规范》《珠三角工程数据技术标准》《珠三角工程 BIM 模型创建标准》《珠三角工程 BIM 模型分类与编码标准》《珠三角工程 BIM 模型交付标准》《珠三角工程 BIM 模型应用标准》《珠三角工程 GIS 数据交付标准》等多项标准规范。

B. 4 应用效果与取得成果

珠三角工程信息化系统以安全为前提、需求为导向、实用为目的，科学运用物联网、大数据、人工智能等新一代信息技术，保证珠三角智慧水利工程的前瞻性和先进性，并从基础设施、物联通信、数据共享、业务应用等多维度、全方位保障网络安全和可靠。

融合新一代信息技术，加强水利信息化基础设施、数据资源、业务应用的整合与成果复用，实现全面互联和充分共享，推进大数据应用，促进业务流程优化和工作模式创新，全面提升综合智能决策水平。通过统一工程规划、统一需求管理、统一标准规范、统一技术架构、统一验收评价体系，构建业务协同机制和技术支撑机制。从设计、建造、运维分阶段、按计划实施，遵循急用先建、先易后难，分类别、分阶段推进，节约资源，发挥投资效益。

整体通盘考虑，统筹考虑建造期和运维期，综合考虑个性要求和集中统一管理要求，实现工程全生命周期管理。同时，分步骤实施，稳步推进，扎实开展工作，不断适应新要求，新变化，不断迭代创新，持续完善。以工程初步设计批复的内容为基础，结合智慧水利和新时代水利工程建设的新要求，以需求引领开展优化提升工作。同时，适度考虑超前部署，一次部署、全生命期利用，避免浪费。建立统一的技术标准，确保设施设备、应用系统、数据传输和信息存储等标准统一，解决设备通信困难、信息编码不一致、功能接口不能互操作，避免信息孤岛，支撑全面互联、共享协同。坚持自主创新，确保数据安全、信息安全、系统安全和工程安全。

构建以“智慧监管”为基础的现场感知平台，以“工程项目管理信息系统”为核心的管理平台，以“BIM+GIS”为支撑的工程大数据平台，推动施工质量和安全信息化管理水平提档升级，强化了工程运行的实时监测、分析和控制，保障了工程建设过程安全与运行安全，实现了珠三角智慧工程全生命期管理，树立了新时代智慧水利工程标杆。其主要应用效果有以下几点。

B.4.1 全面感知

珠三角工程围绕“人、机、料、法、环”进行全面感知，实现工程现场实时监管。建立人员实名库，采用门禁、人脸识别和隧洞定位，实时掌握工程现场约5000人的出勤动态，实时监管项目经理、总监理工程师等关键人员的履职情况，落实现场人员监管。通过盾构机、龙门吊、升降机等关键设备的实时监测，掌握设备状态，及时预警。通过运输车辆及搅拌站监测系统，管控砂石、混凝土、管片等关键原材料及中间产品过程质量，确保可追溯。通过工地试验室质量检测系统，监控检测试验过程，实现力学等数据自动采集，确保试验真实可靠。研究灌浆、预应力张拉的智能监测，提升隧洞混凝土工程质量和耐久性。通过精细化三维模型和工艺工法相结合，实现可视化技术交底。通过各工区实时采集温度、湿度、PM2.5、噪声等环境指标，落实现场文明施工。建设工区全景720系统，各方管理者可随时随地了解现场。利用近900个高清摄像头，对全线43个工区进行实时监控。构建数字化感知看板，实时显示工程安全、质量、进度、投资态势，辅助管理决策（见图B.4-1～图B.4-6）。

B.4.2 全面监管

基于工程信息的融合，实现安全、质量、投资、进度、廉洁等五大控制领域全面监管。搭建工程项目管理信息系统，实现初步设计概算、预算、招标、

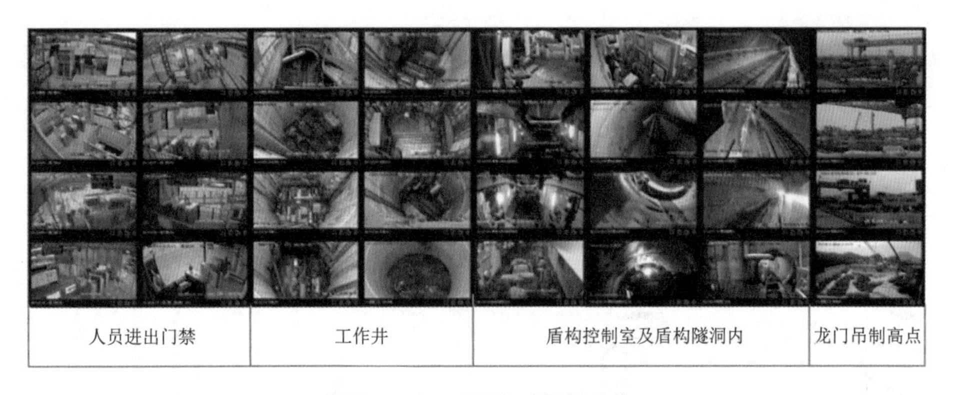

图 B. 4 - 1　工区实时视频监控

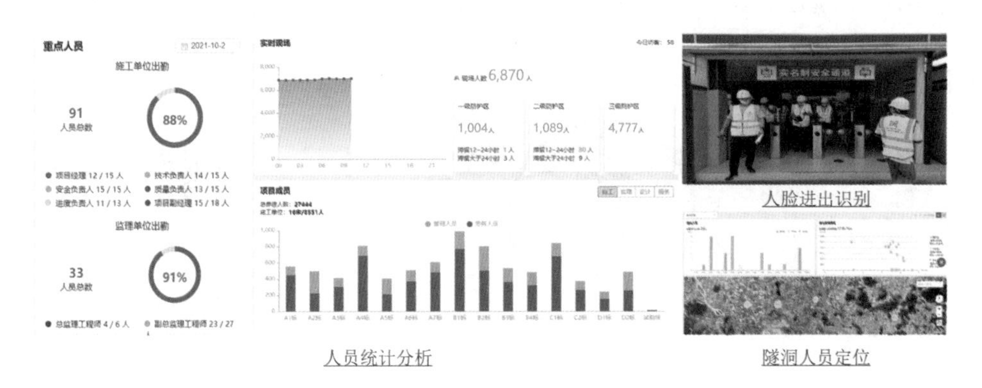

图 B. 4 - 2　人员监管

合同签订、计量支付、工程变更、合同结算、进度管理、质量验评、验收、竣工决算等全过程管理。搭建安全管理系统，实现安全目标、安全组织、安全教育、现场安全、风险管控、隐患排查、应急管理、安全考核等安全标准化管理（见图 B. 4 - 7）。搭建安全监测系统，通过全线布设的 6300 多个测点，实时监测基坑、隧洞、重要建筑物地表形变、渗流、沉降等指标，使监测数据从建设期开始就发挥作用。搭建施工自检、监理平行检、第三方对比检的质量检测系统，累计检测样品近 5 万组，落实工程施工过程质量管控（见图 B. 4 - 8）。全面实现质量验评体系数字化，实现在线质量验评。基于统一平台，跟踪流程状态，监督业务执行。通过施工期环境保护监测系统，对施工期环境、水质数据进行分类评价，对环保措施落实清单化闭环管理，确保合规。通过水土保持管理系统，对渣土处理进行全过程管控，开展水土保持清单化管理，落实水保排查治理，确保合规。基于 GIS 地图及 720 全景技术，实现 49 块（共 4294 亩）征地以及补偿资金（共 33. 67 亿元）的全过程精细化管理。

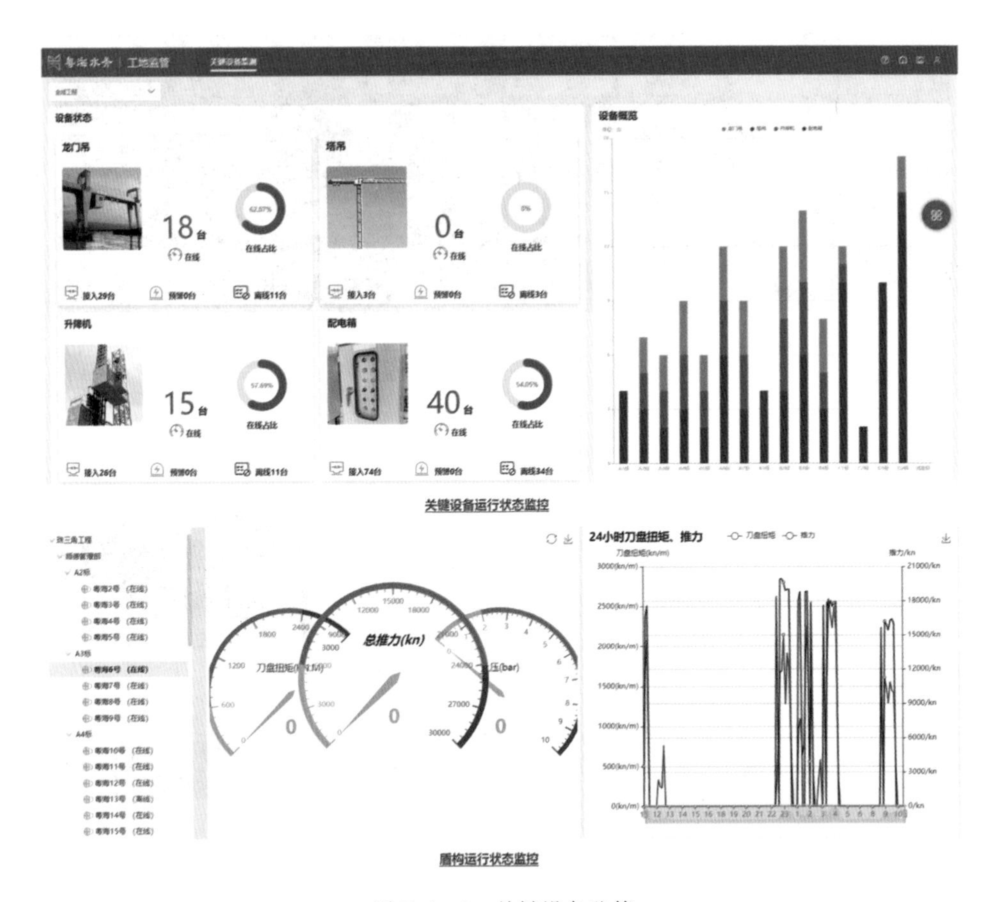

图 B.4-3 关键设备监管

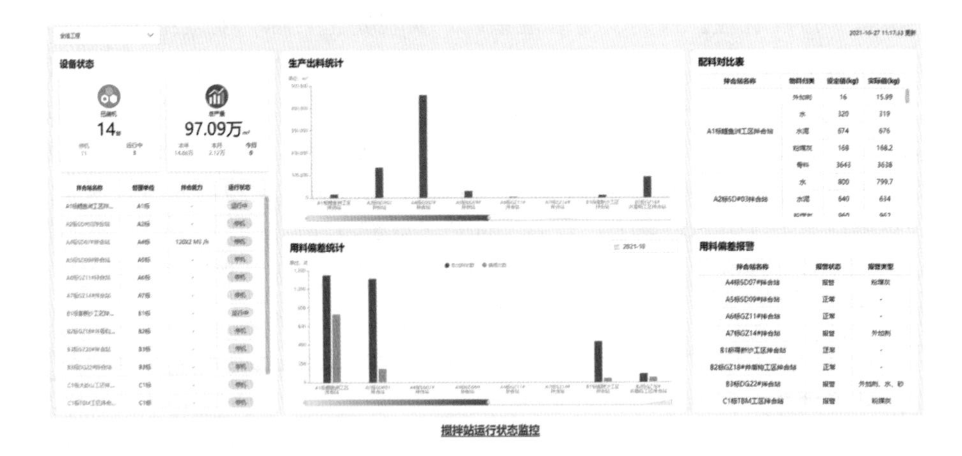

图 B.4-4 原材料及中间产品质量监控

预应力张拉监测过程

地连墙施工模拟

图 B.4-5 预应力张拉监测、施工方案 BIM 模拟

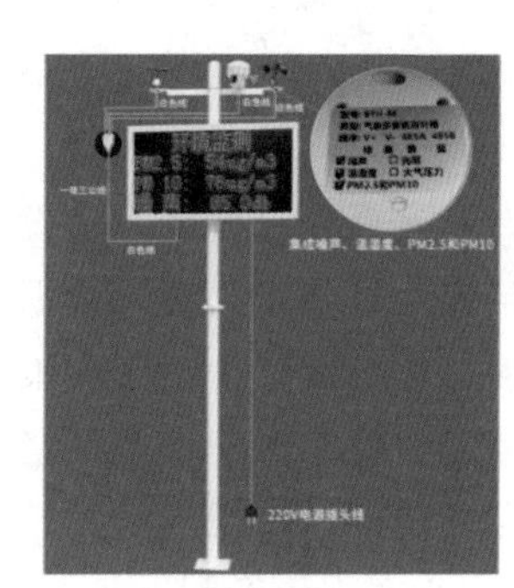

环境监测仪

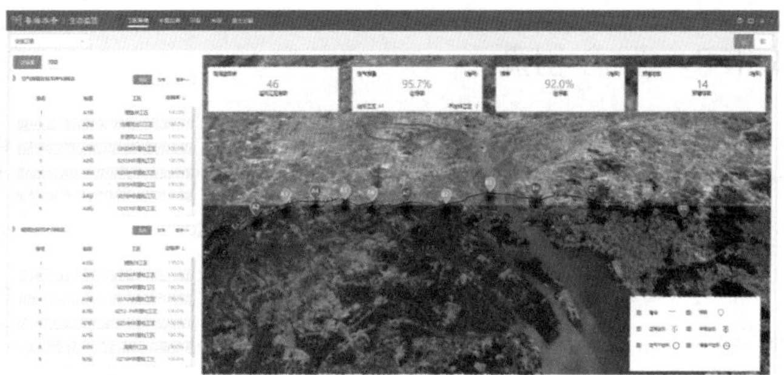

工区环境监测系统

图 B.4-6 工区环境监测

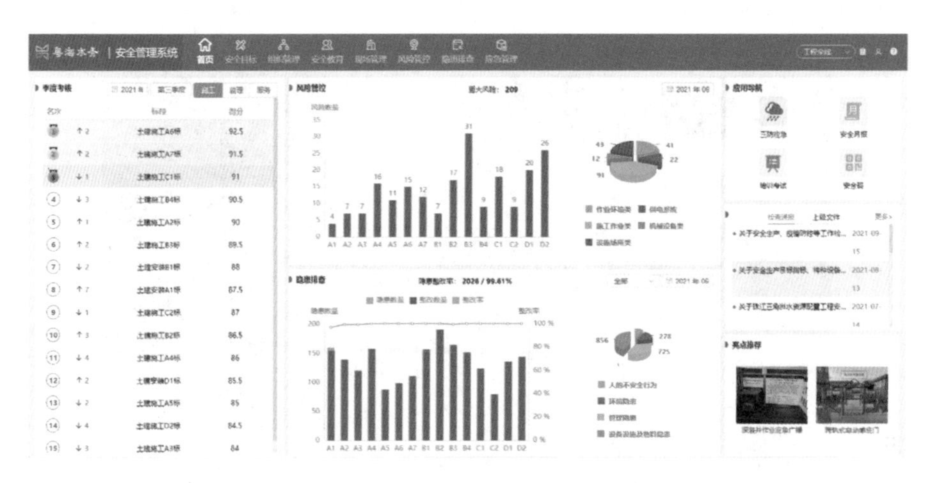

图 B.4-7 安全标准化管理

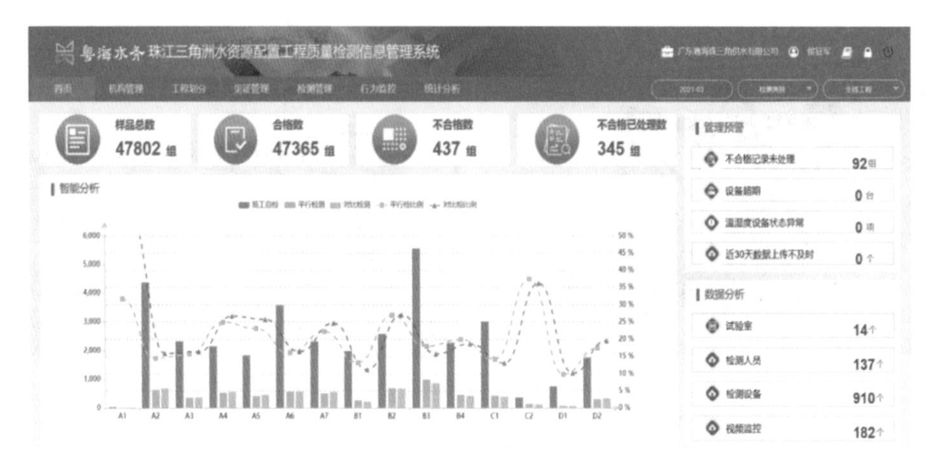

图 B.4-8　质量检测管理

B.4.3　融合创新

综合运用“云大物智移”等信息技术，构建统一平台，实现融合创新。建设模块化机房，搭建可用于工程全生命周期的私有云，满足安全等要求，确保数据运行安全。搭建数据资源中心，打通数据壁垒，汇聚工程过程数据，为工程决策提供支撑。搭建物联网平台，接入全线感知终端，为运维期智慧园区建设打下坚实基础。基于视频监控平台，实现“未戴安全帽”和“跨越禁区”违规自动抓拍和告警（见图 B.4-9）。基于语音识别平台，在调度监控中心实现语音智能控制。通过企业微信平台，实现一键登录，集中待办、移动办公。搭建 BIM+GIS 系统平台，实现跨平台 BIM 轻量化管理，推进 BIM、GIS 技术在工程全生命期的应用。在水利行业率先应用电子签章技术，实现电子签章、一键归档。

图 B.4-9　人员越界抓拍

珠三角工程信息化建设成效显著，在发挥工程建设管理效益的同时，还承担水利部 BIM 先行先试任务，完成的“基于 BIM＋GIS 的大型水利工程全生命周期数据集成解决方案”收录为水利部的智慧水利优秀应用案例与典型解决方案和《2020 年度水利先进实用技术重点推广指导目录》，发表《工程大数据在水利工程建设管理中的应用》《BIM 技术在珠三角水资源配置工程中的集成应用》等论文，取得信息化系统软件著作权 11 项，见表 B.4－1。

表 B.4－1　　软件著作权

序号	软件名称	著作权人	登记号
1	珠江三角洲水资源配置工程 BIM＋GIS 支撑平台 V1.0	广东粤海珠三角供水有限公司 水利部水利水电规划设计总院	2021SR0424705
2	智慧监管平台 V1.0	广东粤海珠三角供水有限公司 深圳市科荣软件股份有限公司	2021SR0536866
3	人员监管系统 V1.0	广东粤海珠三角供水有限公司 深圳市科荣软件股份有限公司	2021SR0539323
4	设备监管系统 V1.0	广东粤海珠三角供水有限公司 深圳市科荣软件股份有限公司	2021SR0539324
5	安全管理系统 V1.0	广东粤海珠三角供水有限公司 深圳市科荣软件股份有限公司	2021SR0555361
6	智慧考核系统 V1.0	广东粤海珠三角供水有限公司 深圳市科荣软件股份有限公司	2021SR0536881
7	生态监管系统 V1.0	广东粤海珠三角供水有限公司 深圳市科荣软件股份有限公司	2021SR0536879
8	珠江三角洲水资源配置工程安全监测信息管理系统 V1.0	广东粤海珠三角供水有限公司 长江水利委员会长江科学院	2020SR1890615
9	珠江三角洲水资源配置工程安全监测移动 App V1.0	广东粤海珠三角供水有限公司 长江水利委员会长江科学院	2020SR1890915
10	珠江三角洲水资源配置工程质量监测信息管理系统 V1.0	广东省水利水电科学研究院 广东粤海珠三角供水有限公司 广州粤建三和软件股份有限公司	2020SR1192272
11	水利水电工程质量检测力学性能试验数据自动采集软件 V1.0	广东省水利水电科学研究院 广东粤海珠三角供水有限公司 广州粤建三和软件股份有限公司	2020SR1192572

附录 C

Autodesk 水利水电工程 BIM 解决方案

C.1　总体方案

C.1.1　总体介绍

欧特克水利水电行业解决方案涵盖方案、详细设计、施工以及运营维护的项目全生命期。

在方案和详细设计阶段，涵盖多专业 BIM 协同设计、BIM 设计管理、设计数字化延伸应用等。

在施工阶段，涵盖设计施工一体化、施工虚拟仿真、施工动态资源管理、施工数字化延伸应用。

在运维管理阶段，基于欧特克平台创建的 BIM 数据，可应用于工程项目的全生命周期管理、设备虚拟智能管理、运维数字化延伸应用等。同时，配合欧特克本地和云端部署的管理平台或二次开发平台，可提供更为广阔的运维管理应用场景。

图 C.1－1 所示为欧特克产品系列在水利水电项目全生命周期各阶段的应用情况。

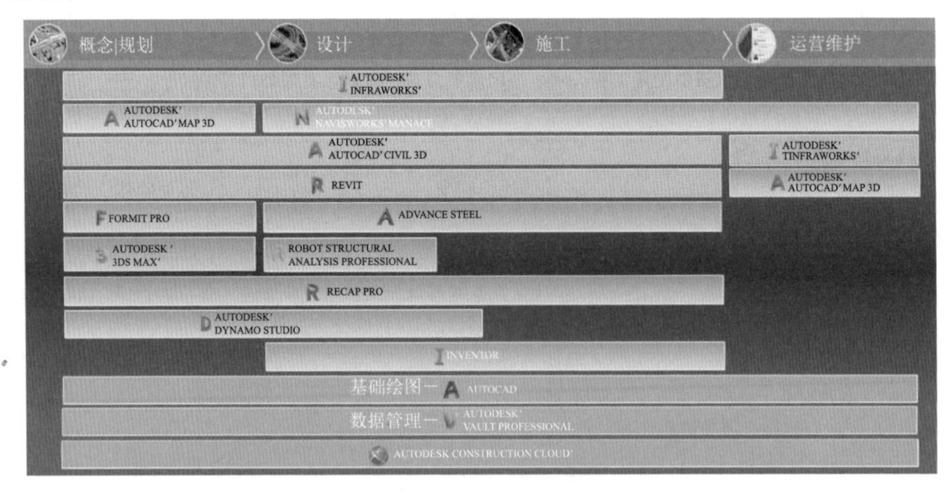

图 C.1－1　Autodesk 总体解决方案

(1) 方案阶段。提供从勘测数据处理 (Civil 3D/Recap Pro)、快速方案建模 (InfraWorks) 到可视化表现 (3ds Max) 的全面解决方案。

(2) 详细设计阶段。提供专业的设计和分析软件 (Revit/Civil 3D/Inventor/Robot 等), 以及设计—分析—出图的全面解决方案。

(3) 施工阶段。提供桌面端 (Navisworks 等) 及在线端 (Autodesk Construction Cloud 系列) 从施工准备、施工现场执行到施工交付的全面解决方案。

(4) 运营维护阶段。除了运营阶段的软件 (Autodesk Ops 等) 之外, 还提供丰富的软件 API 接口, 以便于客户基于欧特克软件 (如 Navisworks、Forge 平台等) 开发自主知识产权的运营维护产品。

(5) 在此基础之上, 欧特克还提供了 Vault 平台用于项目全生命期的数据协同管理。

从水利水电项目各专业系统的角度来看, 欧特克 BIM 全生命期解决方案可以总结为图 C.1-2。

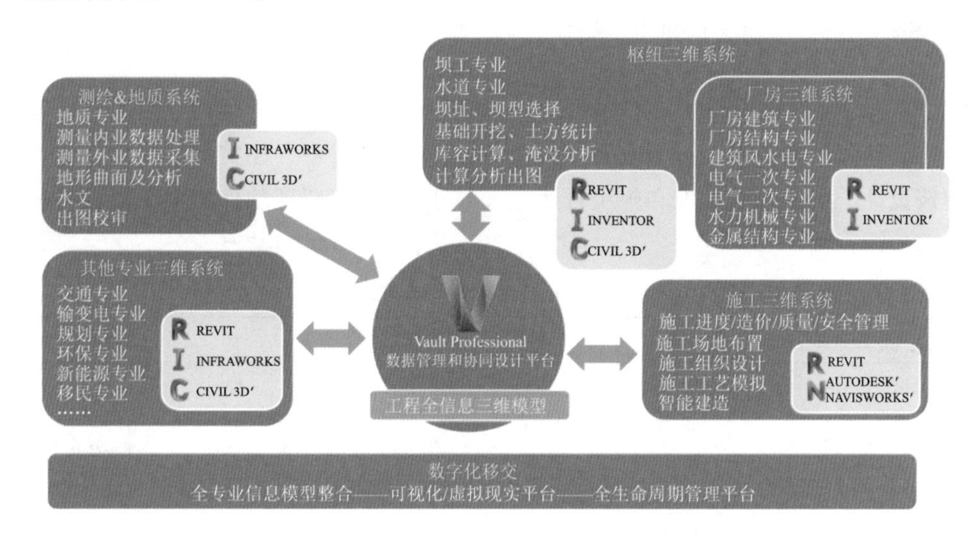

图 C.1-2 Autodesk BIM 全生命期应用

(1) 测绘与地质系统。测绘专业通过无人机低空摄影测量、倾斜摄影测量、三维激光扫描、高分辨率卫星等方式获取工程区三维数据, 使用摄影测量等技术手段快速产生数字高程模型、数字正射影像、数字线划图、三维地形曲面等成果, 通过上传至 Vault 数据管理和协同设计平台, 用于各专业提资。利用 Recap Pro 将扫描数据或航拍影像转化为点云模型, 导入 InfraWorks 或 Civil 3D 中进行地形曲面建模和地质建模, 创建各类地形分析和平面、剖面地质图。

(2) 枢纽三维系统 (包含厂房三维系统)。各专业引用三维地质模型, 在 Civil 3D 中, 对各专业建筑物进行布置, 建立建筑物的控制点、轴线、高程等控制信息。同时，各专业在 Civil 3D 中进行建筑物相关部位的开挖设计。使用 InfraWorks 结合地形进行库容计算和淹没分析等。使用 Inventor 进行坝工、水道专业设计，使用 Revit 进行厂房系统中的建筑、结构、设备、水机、电气一次、电气二次的设计，使用 Inventor 进行厂房系统中金结专业的设计。最后在 Navisworks 或 InfraWorks 中进行枢纽各专业模型的整合，进行专业间协同设计。

（3）其他专业三维系统。交通专业使用 Civil 3D 进行道路设计，使用 InfraWorks、Inventor、Revit 进行参数化的桥梁设计，出施工图和工程量清单。输变电专业使用 Advance Steel 进行电力塔设计，在 Civil 3D 中结合地形布置，在 Revit 中创建电站土建结构及配套设施，最终在 InfraWorks 中进行模型整合和展示。另外，欧特克系列产品也支持规划、环保、移民等专业的设计和应用。

（4）施工三维系统。施工专业在 Vault 协同平台上调用各专业成果，包括地形、地质、枢纽三维模型等，使用 Navisworks 对施工进度、成本进行模拟和管控，使用 3ds Max 可视化模拟施工工艺，使用 InfraWorks 进行施工现场布置（渣场、工厂、营地等）和安全管控。

C.1.2　主要产品

欧特克工程建设软件集是一款完备的建筑信息模型（BIM）工具集，面向建筑设计、土木基础设施和施工行业。表 C.1-1 中介绍了软件集中主要软件平台的功能特点。

表 C.1-1　　Autodesk 工程建设软件清单

软件名称	主要应用领域和功能	适用场景
AutoCAD	通用的二维和三维 CAD 软件 包含 AutoCAD Architecture、AutoCAD MEP、AutoCAD Electrical、AutoCAD Plant 3D、AutoCAD Map 3D、AutoCAD Raster Design 等专业化工具	通用的 2D/3D 设计软件
Revit	建筑工程与基础设施结构物的 BIM 设计和施工文档编制	BIM 设计应用
Civil 3D	土木工程设计和施工文档编制	
InfraWorks	用于规划、设计和分析的地理空间和工程 BIM 平台	
Navisworks Manage	包含 5D 分析和设计仿真的项目审查软件	
Recap Pro	现实捕获、三维扫描、点云创建的软件和服务	
FormItPro	直观的三维草图应用程序，与 Revit 具有原生的互操作性	
Dynamo Studio	可视化编程工具，利用逻辑改善设计效率和自动化	
Advance Steel	用于钢结构详图设计的三维建模软件	
Fabrication CADmep	机电预制化工具：扩展 Revit 以进行机电预制化设计	

续表

软件名称	主要应用领域和功能	适用场景
3ds Max	用于游戏和设计可视化的三维建模、动画和渲染软件	可视化应用
Autodesk Rendering	在线进行快速、高分辨率渲染	
Insight	建筑能效与绿色性能分析	分析计算
Structural Bridge Design	桥梁结构分析软件	
Robot Structural Analysis Pro	BIM 集成结构分析软件	
Vehicle Tracking	车辆扫掠路径分析软件	
Autodesk Docs	在线数据协同管理工具	数据协同

C.1.3 硬件要求

(1) 对于进行 BIM 设计的硬件设备，其系统需求见表 C.1-2。

表 C.1-2 BIM 设计的硬件系统要求

操作系统	Windows 10，64 位 Windows 8/8.1，64 位 Windows 7，64 位
浏览器	Internet Explorer 11.0 或更高版本
CPU 类型	双核 Intel Core 2 或同等级别 AMD 处理器（建议四核 Intel Core i7、6 核 Intel Xeon 或更高配置处理器） 建议尽可能使用高主频 CPU 建议 CPU 支持 SSE 4.1
内存	最低 8GB RAM（建议 16GB 或更高）
显示器分辨率	建议使用 1920×1080 或更高的真彩色视频显示适配器
显卡	支持 DirectX 11 和 Shader Model 5 的显卡，显存 2GB 或更高
网络连接	Internet 连接，用于许可注册、获取联机帮助、学习材料和必备组件下载

(2) 对于部署数据协同的 Vault 服务器，其硬件系统需求见表 C.1-3。

表 C.1-3 Vault 服务器的硬件系统要求

操作系统	Windows Server 2016，64 位 Windows Server 2012 R2，64 位 Windows Server 2012，64 位

续表

支持的数据库	Microsoft SQL Server 2016 Microsoft SQL Server 2014 Microsoft SQL Server 2012
CPU 类型	最低 Intel Xeon E5 或同等级别 AMD 处理器，2GHz 或更高（建议采用 Intel Xeon E7 或同等级别 AMD 处理器，3GHz 或更高）
内存	最低 16GB RAM（建议 32GB 或更高）
硬盘	最低 300GB（建议 500GB 或更高）

C.2 设计 BIM 方案

C.2.1 测绘与地质

水电站地形地质条件十分复杂，所以地形、地质作为基础设计资料在整个设计过程中扮演着十分重要的角色。测绘、地质专业总体工作流程见图 C.2-1。

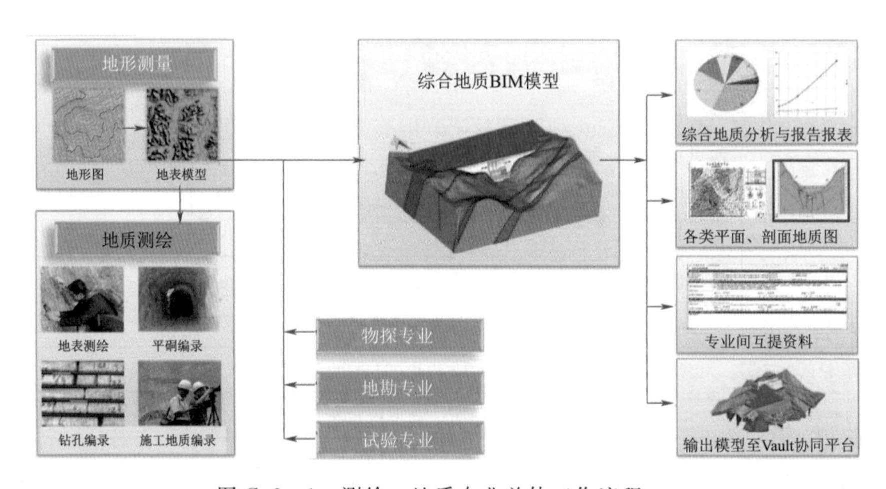

图 C.2-1 测绘、地质专业总体工作流程

（1）测量专业通过无人机低空摄影测量、倾斜摄影测量、三维激光扫描等方式获得的工程区数据，通过 Recap Pro 进行处理，可快速生成精确的、可缩放的点云模型，并导入 Civil 3D 生成地形曲面，见图 C.2-2。

无人机正射影像

Civil 3D地形曲面

图 C.2-2 生成地形曲面

（2）Civil 3D 也可以导入高分辨率卫星获取的数据，生成三维地形曲面。

（3）地质专业将三维地形曲面和外业采集到的地质信息相结合生成三维地质模型，并依据地质模型完成平剖切功能，输出平切图、剖面图，并与水工建筑物叠加显示结合，快速直观地表达工程地质情况，便于进行综合评价，见图 C.2-3。

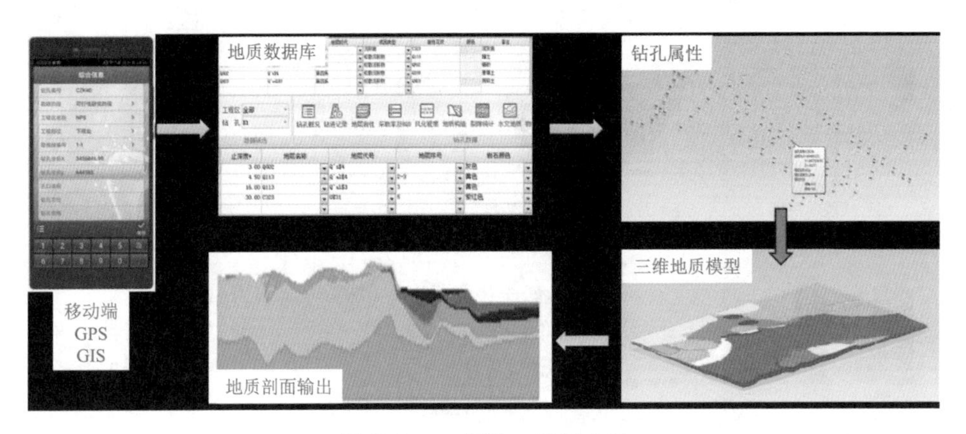

图 C.2-3 测绘、地质应用

C.2.2 水工坝工

水工坝工专业引用三维地质模型，在 Civil 3D 中，对各专业建筑物进行布置，建立建筑物的控制点、轴线、高程等控制信息。同时，在 Civil 3D 中进行坝址坝型选择、建基面研究、坝基开挖及土方、水库库盆、库容计算、淹没面积、渠道设计等工作。水工工作流程见图 C.2-4。

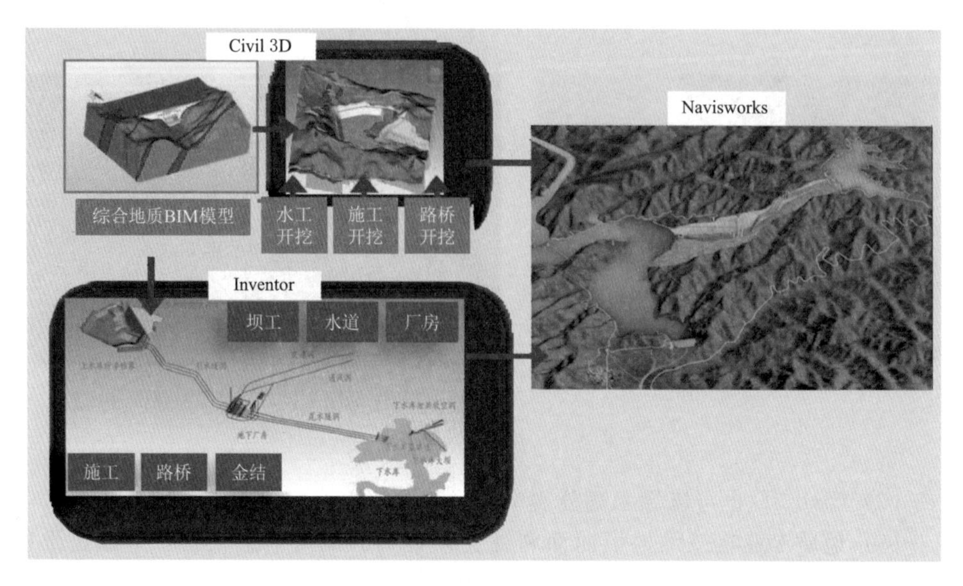

图 C. 2 - 4　水工工作流程

水工专业复杂结构可以用 Inventor 建模出图，坝工专业坝体设计可使用 Revit 结构模块或 Inventor，见图 C. 2 - 5。

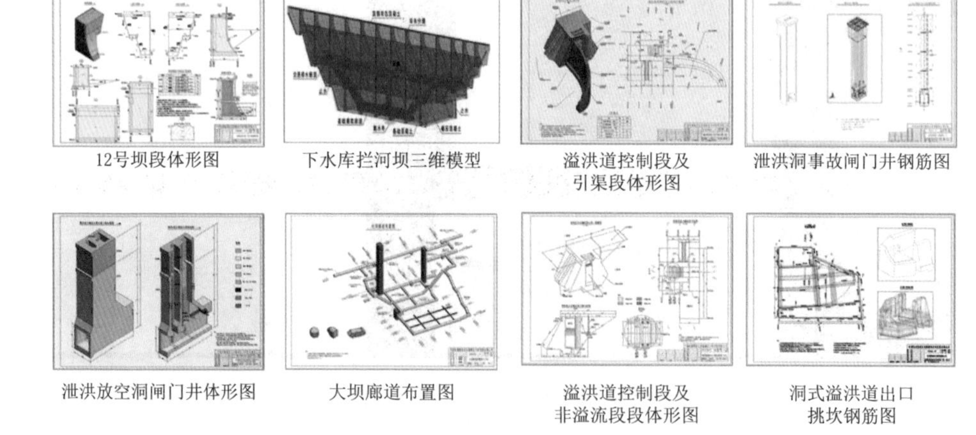

图 C. 2 - 5　坝工专业三维设计

C. 2. 3　厂房及机电

三维厂房设计主要使用 Revit 工具，厂址选择、建筑设计用 Revit 建筑功能，厂房结构用 Revit 结构功能。采暖通风、消防、电气用 Revit 机电功能，满足从方案初设到施工图的 BIM 正向设计要求，见图 C. 2 - 6 和图 C. 2 - 7。

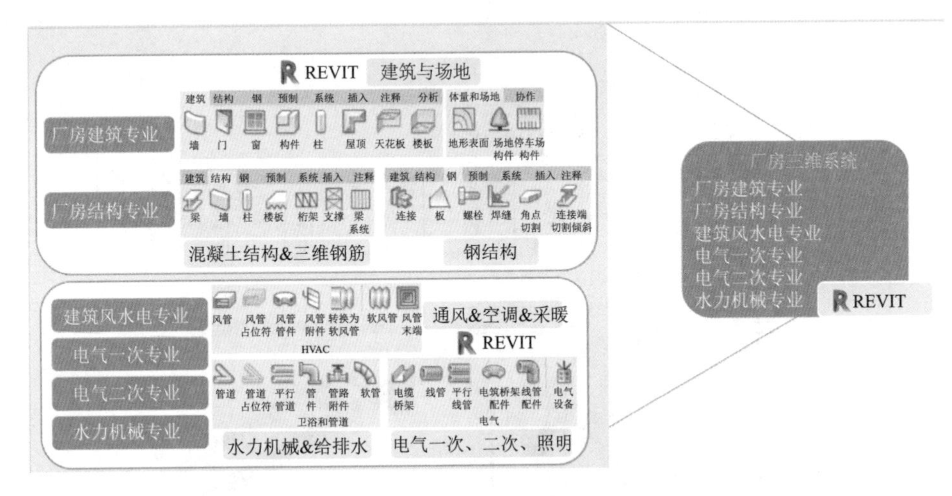

图 C. 2 - 6 Revit 三维厂房机电设计功能模块

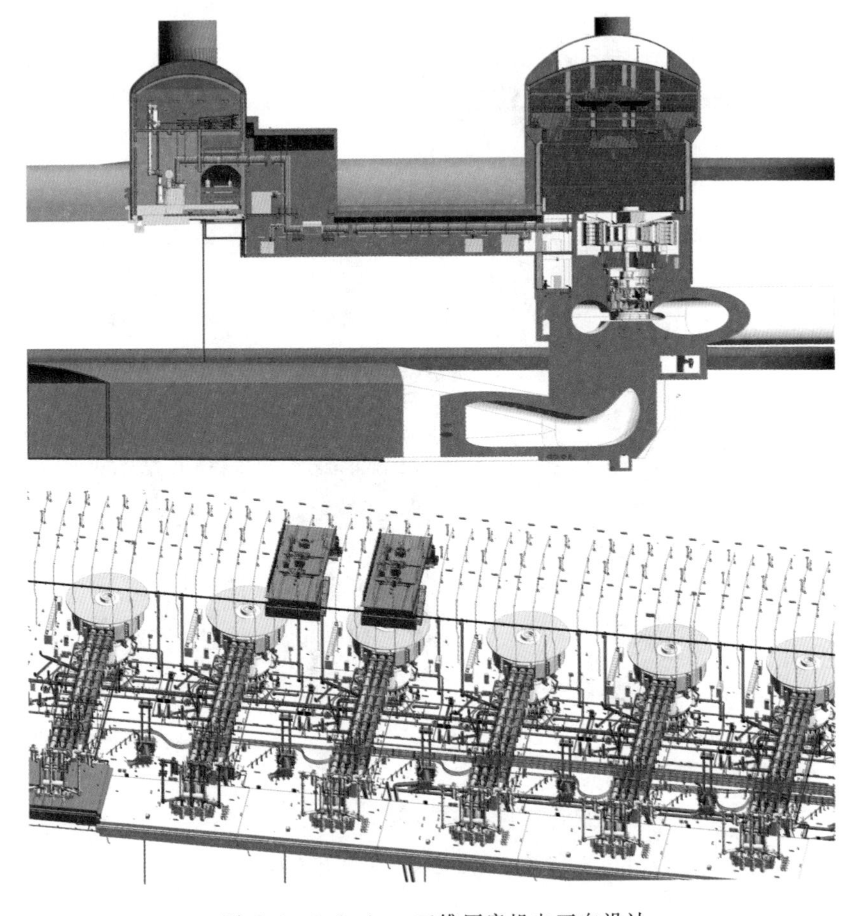

图 C. 2 - 7（一） 三维厂房机电正向设计

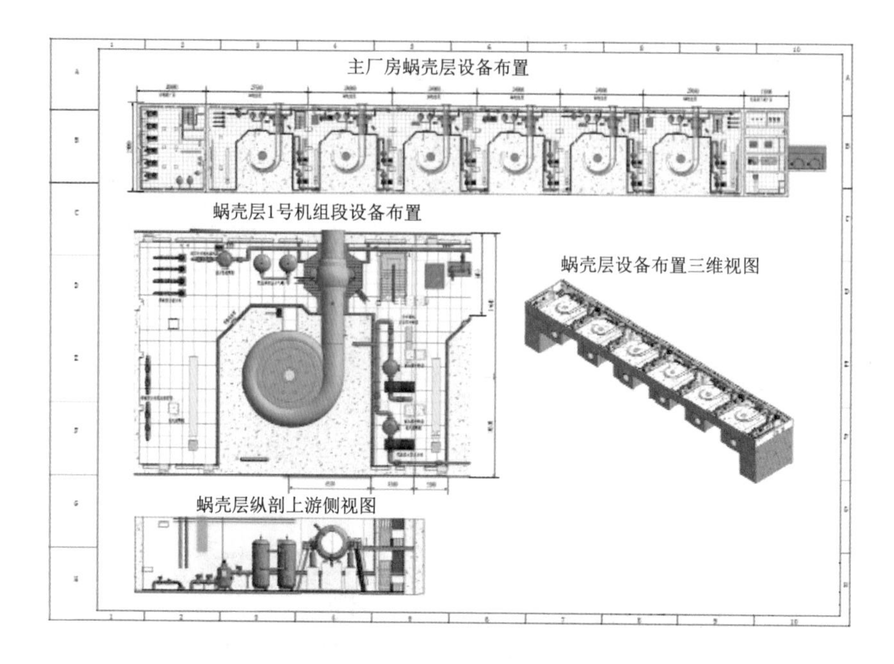

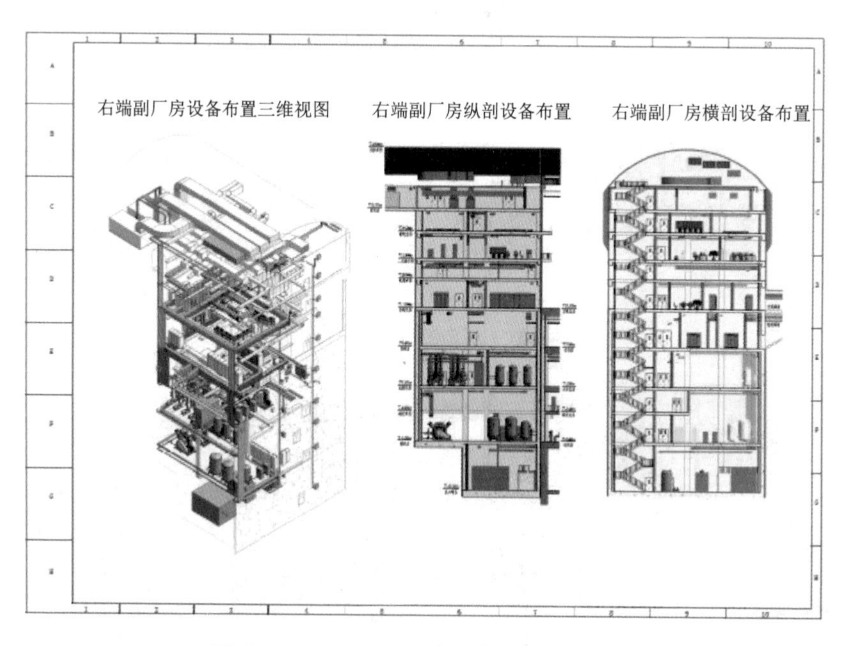

图 C.2-7（二）　三维厂房机电正向设计

C.2.4 金属结构

金属结构专业主要在 Inventor 中进行三维设计，通过参数设置、绘制关联参数的框架草图、构建实体模型、生成零部件、组成装配件的流程可快速实现设备的创建，见图 C.2-8 和图 C.2-9。

图 C.2-8　水机设备库

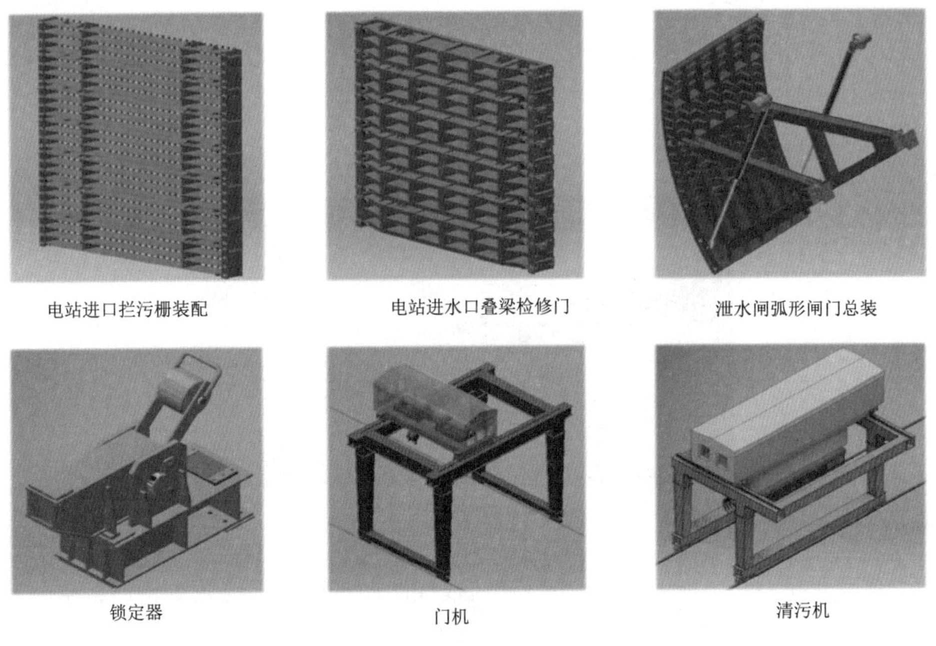

图 C.2-9　金属结构设备库

C.2.5　施工专业

施工专业利用上述专业成果，采用 Civil 3D、Inventor 进行专业设计，对复杂的施工工艺进行仿真模拟。通过 InfraWorks、Navisworks 集成各建筑物单项工程的三维模型，进行施工总布置的三维立体化展示，结合施工进度计划文件，可将施工进度与三维模型结合，实现可视化施工进度模拟（见图 C.2-10）。

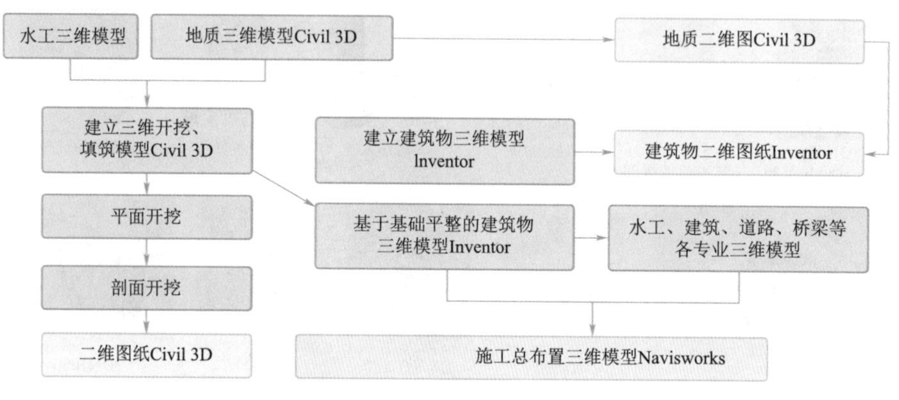

图 C.2-10　施工工作流程

C.2.6　模型整合

BIM 模型的可视化漫游和多角度审查，提高了设计方案的可读性和项目校审的精度，特别是 InfraWorks 中，实现对项目大场景、大数据量模型的轻量化承载，保证漫游流畅度（见图 C.2-11）。

图 C.2-11　InfraWorks 大场景漫游

各专业模型在 Navisworks 中整合，进行设计校验，提前减少错漏碰缺（见图 C.2-12）。

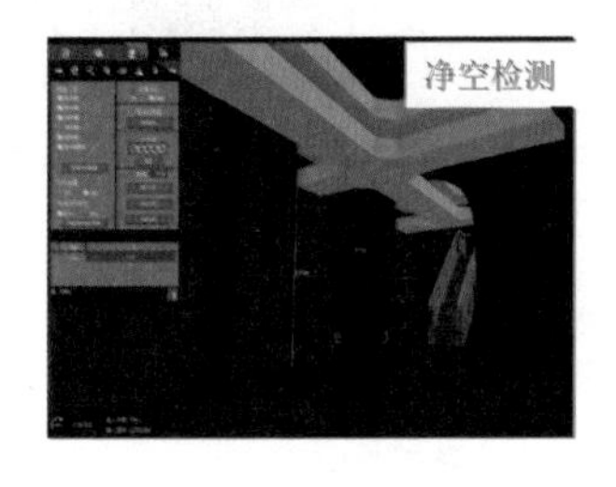

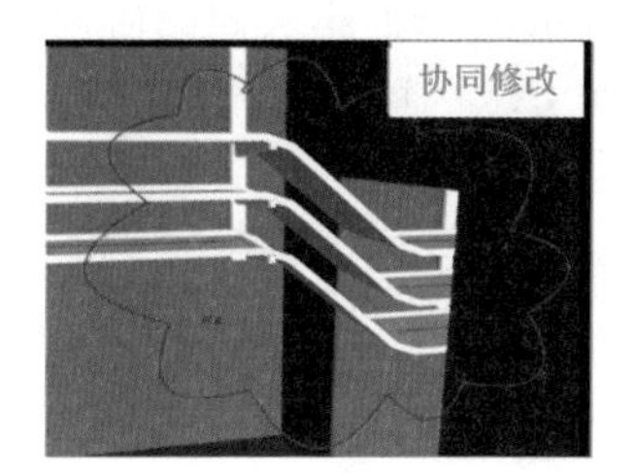

图 C.2-12 碰撞检查

C.2.7 设计协同

C.2.7.1 Revit 设计协同

Revit 中以链接、工作集以及 Revit Server 等方式进行协同设计。

(1) 链接模式。各专业设计师独立创建各自的模型，彼此之间通过链接(类似于 AutoCAD 的外部参照) 方式进行协作，最后将一个包含所有链接的整合文件和各个链接文件一起打包交付。

(2) 工作集模式。各专业设计师在同一个存储在局域网服务器上的中心文件的各本地副本上工作，最后将成果统一更新至中心文件，中心文件作为最后的交付物。工作集模式相较于链接模式是一种较为先进的协同工作方式，但是对于操作标准化的要求程度较高。

(3) Revit Server。通过 Revit Server 可以更好地实现基于工作共享的异地协同，实现不同区域的工作人员同步/异步在同一个 Revit 中心文件上工作。也就是说，Revit 中心文件可以存储在互联网的某一个服务器中，设计师可通过 Revit Server 与处在不同局域网的人员进行协同作业。

在使用 Revit 软件协同的过程中，通常建议专业内部的设计人员通过中心文件+工作集的协同方式，专业之间采取链接的协同方式，不同区域工作人员的协同可以借助 Revit Server 实现（见图 C.2-13)。

C.2.7.2 Vault 设计协同

在水利水电行业，项目参与专业众多，使用工具也更多，各专业设计、分析、模拟工具创建的项目数据文档，需要有统一的数据管理平台进行管理和数据共享，以便进行高效的协同设计和协同作业，可采用 Vault Professional 作为项目数据管理和协同平台。

Vault 可以实现局域网内及互联网上的协同管理。Vault 是一个资源库，用于存储和管理文档、文件及其信息和相互关系。它有两个主要组件：关系数据库和文件存储。Vault 主要用来管理人员、数据和流程，可以满足用户层面、流程层面和企业层面的协同，并进行 BIM 数据的查询、重用，文件关系跟踪（见图 C. 2－14）。

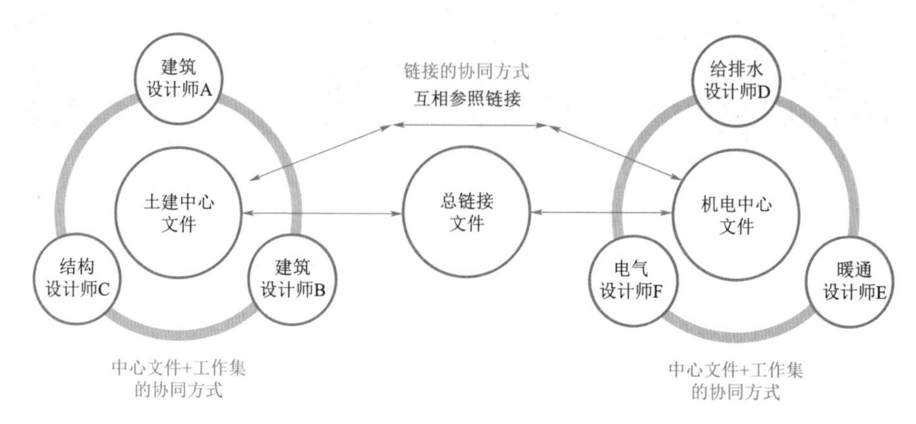

图 C. 2－13　设计协同工作方式

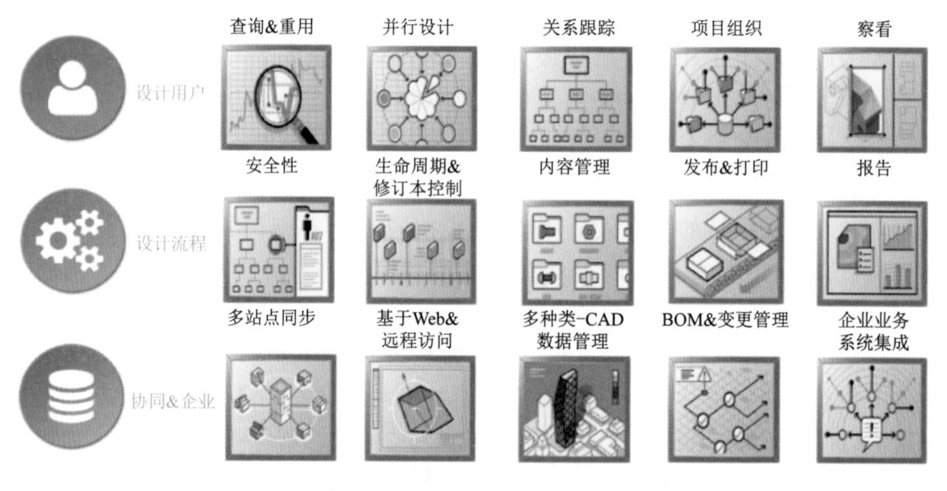

图 C. 2－14　Vault 主要功能

C. 2. 7. 3　Autodesk Construction Cloud 设计协同

Autodesk Construction Cloud 是一个在线协作平台，将从设计到施工的每个阶段的工作流、团队和数据连接起来，以降低风险、最大限度地提高效率并增加利润。其包含的具体产品如下：

（1）Autodesk Docs。在线的二维及三维数据管理与协同，在整个项目生命周期中为所有项目团队提供单一的真实信息来源。

（2）Autodesk BIM Collaborate。在线的设计协同，将与决策者和施工团队联系起来，以管理设计评审及模型协调。

（3）Autodesk BIM Collaborate Pro。在线的设计协同，包含 Revit、Civil 3D 等软件集成的直接与在线端数据同步的工具（见图 C. 2－15）。

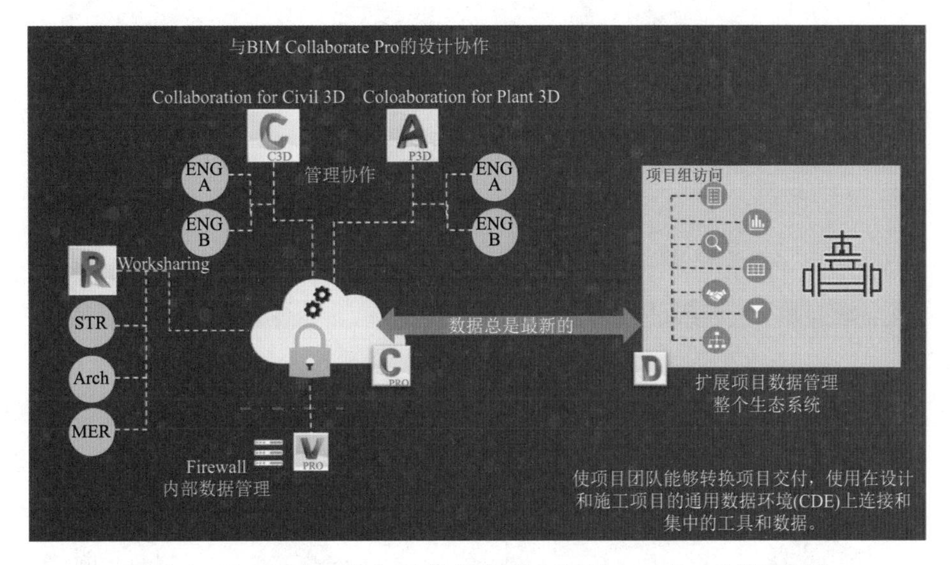

图 C. 2－15　Revit、Civil 3D 等基于 BIM Collaborate Pro 的设计协同

（4）Autodesk Build。在线的施工 BIM 管理软件。

（5）Autodesk Takeoff。在线执行精确的从二维数据或三维模型自动生成工程量。

C. 3　施工 BIM 方案

C. 3. 1　深化设计

Autodesk 工程建设软件集包含一系列丰富的软件和创新技术，可帮助用户进行施工深化设计其工作流程见图 C. 3－1。

Civil 3D 应用于水利水电设计的地形、地质、水文分析、枢纽总体布置、坝址选择、建基面研究、坝基开挖、水库及库容、渠道、道路等深化设计，见图 C. 3－2。

Revit 建筑与结构功能应用于建筑、结构、坝体、桥梁、洞室等三维设计，见图 C. 3－3。

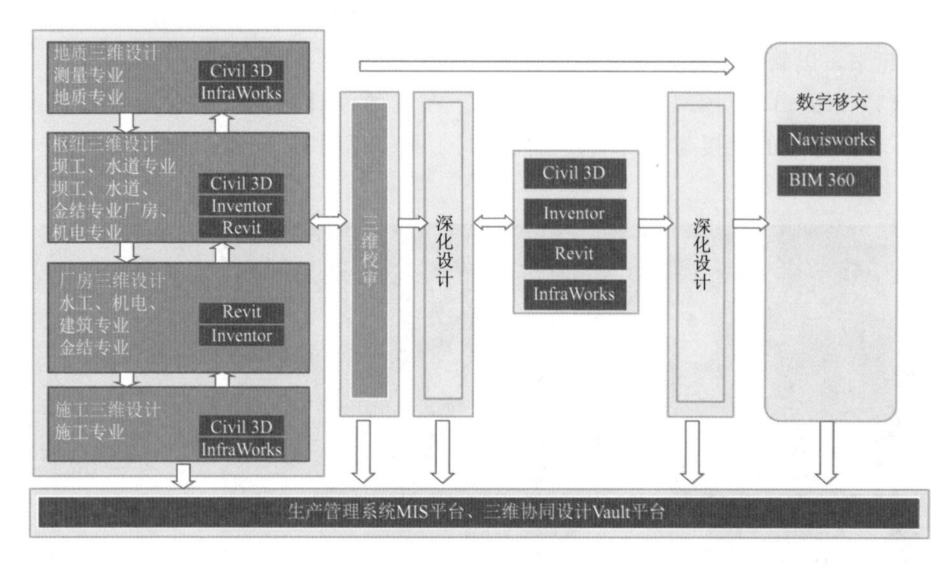

图 C.3－1　工作流程

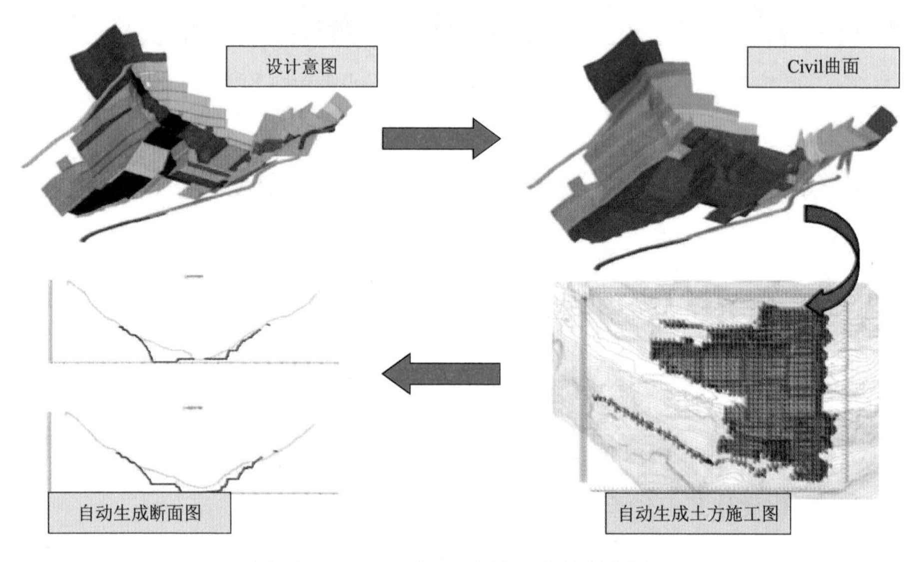

图 C.3－2　Civil 3D 在施工阶段的应用

Revit 机电功能应用于水利水电设计的采暖通风、消防、给排水、电气、机电设备与管道等三维深化设计，见图 C.3－4。

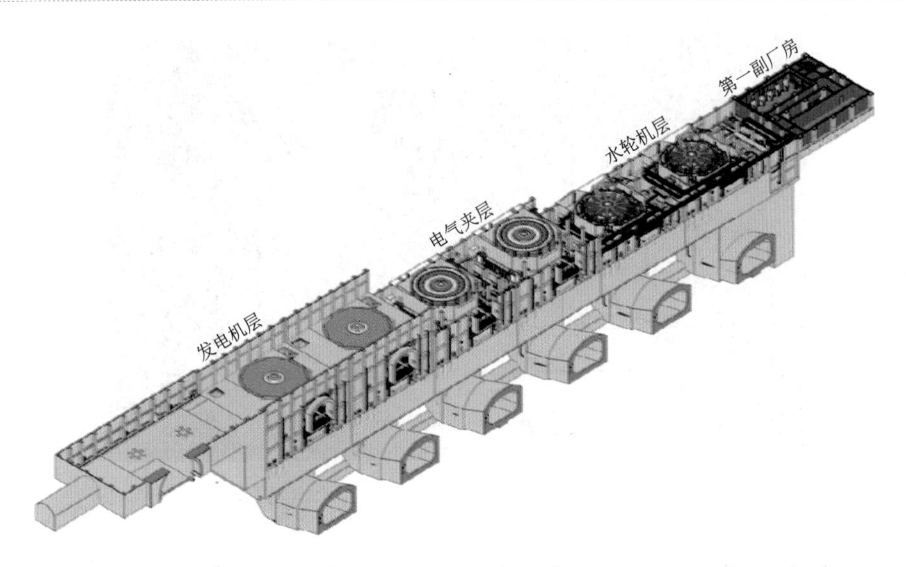

图 C.3－3　Revit 厂房深化设计

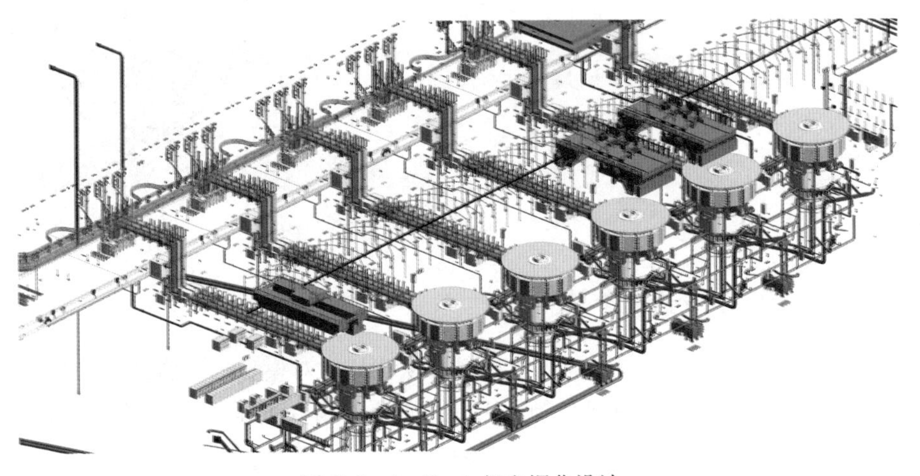

图 C.3－4　Revit 机电深化设计

C.3.2　技术交底与 BIM 审核

应用 InfraWorks 进行水利水电工程的地形、地质、水文分析、枢纽总体布置、坝址选择、水库及库容、渠道、道路的枢纽总体模型可视化集成，见图 C.3－5。

应用 Autodesk Construction Cloud 平台中的 Autodesk Docs 或者 Autodesk BIM Collaborate，有助于项目参与各方高效协作，实时审阅各个专业提交的资料，并可在三维或二维图纸当中创建问题和标记，进行可视化的交底及 BIM 审核，见图 C.3－6。

图C.3－5　在InfraWorks中展示水电项目

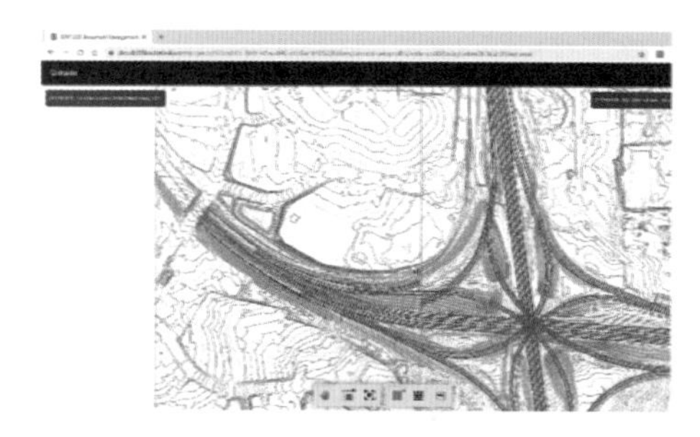

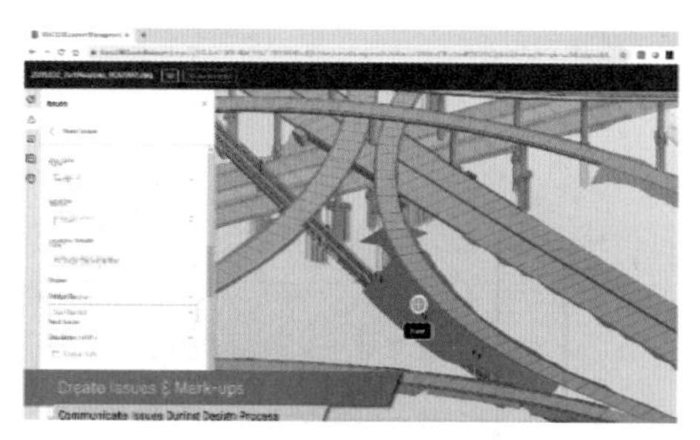

图C.3－6　Autodesk Construction Cloud应用

C.3.3　工程量与造价

通过Revit软件明细表功能完成材料自动统计，对模型的材料统计与实际应用上有分析对比的意义，也对现场施工起到重要的指导作用，见图C.3－7。

钢筋统计										
编号	形变	总钢筋长度	数量	族	族与类型	材质	类型	钢筋体积	钢筋直径	钢筋长度
1	螺纹	496924 mm	153	钢筋	钢筋:8 HPB300	钢筋－HPB300	8 HPB300	62948.73 cm³	12 mm	3248 mm
2	螺纹	30350 mm	1	钢筋	钢筋:25 HPB400	钢筋－HPB400	25 HPB400	14898.02 cm³	25 mm	30350 mm
3	光面	190265 mm	400	钢筋	钢筋:8 HPB300	钢筋－HPB300	8 HPB300	9563.79 cm³	8 mm	476 mm
4	光面	190265 mm	400	钢筋	钢筋:8 HPB300	钢筋－HPB300	8 HPB300	9563.79 cm³	8 mm	476 mm
5	光面	190265 mm	400	钢筋	钢筋:8 HPB300	钢筋－HPB300	8 HPB300	9563.79 cm³	8 mm	476 mm
6	光面	190265 mm	400	钢筋	钢筋:8 HPB300	钢筋－HPB300	8 HPB300	9563.79 cm³	8 mm	476 mm
钢筋统计表										

图C.3－7　造价管理

C.3.4　进度计划

应用Navisworks开展多专业三维数据集成、实时漫游与渲染展示、碰撞检查与三维校审、模拟施工进度，见图C.3－8。

Navisworks 可以进行工程局部重点位置可建性模拟、测量和三维校审批注等设计，在提高设计质量和效率的同时，也可保证施工质量和工期，见图 C. 3－9。

Navisworks 可以在全专业三维模型之间进行碰撞冲突检查，见图 C. 3－10。

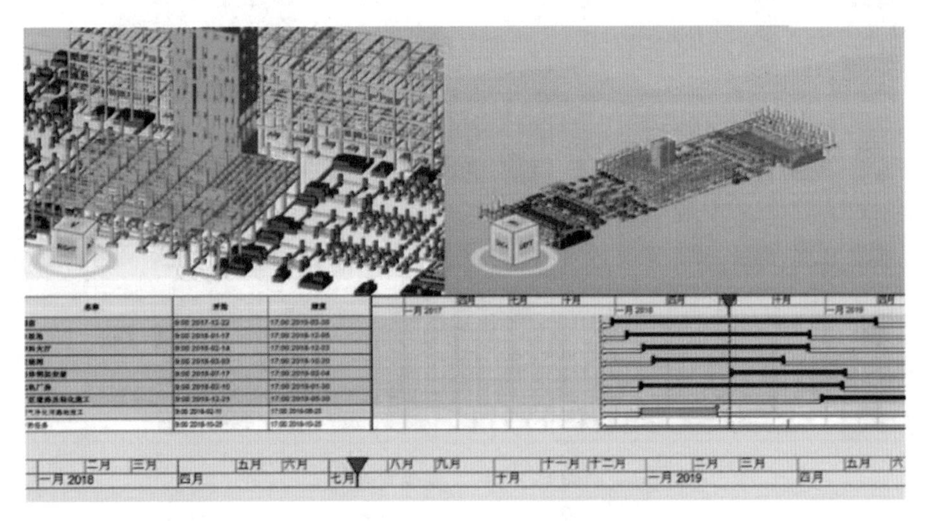

图 C. 3－8　Navisworks 应用

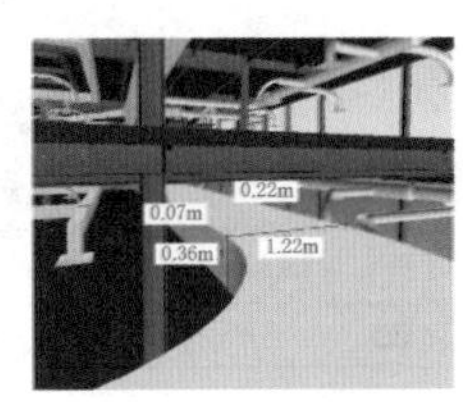

图 C. 3－9　仿真模拟

C. 3. 5　施工管理

Autodesk Construction Cloud 的协同管理平台的应用贯穿设计、施工、运维全生命期。Autodesk Construction Cloud 管理的数据分两类：第一类是项目 BIM 模型、文档相关的数据；另一类是设计当中的任务、问题及需求等数据，并进行生产计划及完成度监控，以支持精益化过程管理，见图 C. 3－11。

借助 Autodesk Construction Cloud 中的 Cost Management（成本管理）模块，可以管理项目的成本和预算变更。

借助 Autodesk Construction Cloud 施工云中的 Field Management（施工现场管理）模块，可以管理项目现场的巡检问题、变更申请、文件送审、日报表等。

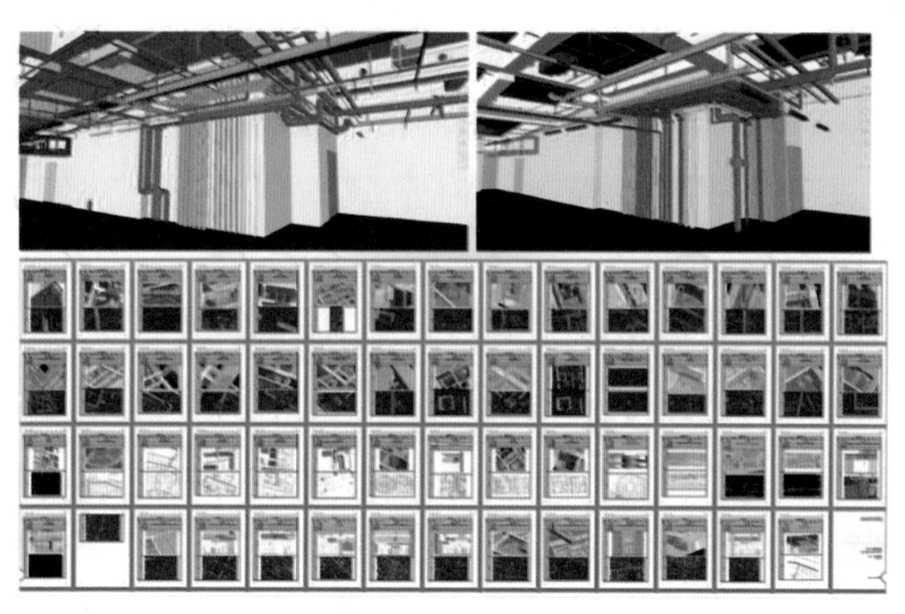

图 C.3-10　碰撞检查

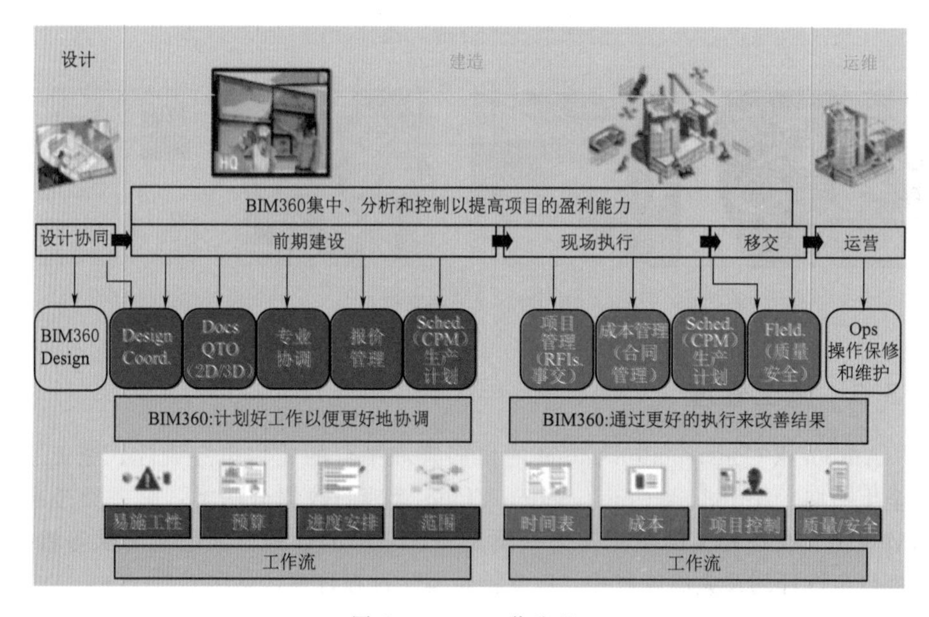

图 C.3-11　工作流程

C.4　运维 BIM 方案

Forge 是 Autodesk 提供的一个面向开发人员的 PaaS（平台即服务），由 Web 服务、技术资源和社区组成。Forge 在通用数据环境中运行，并利用了 Autodesk 行业专业知识、技术和全球网络，使公司能够快速上手并专注于开发定制和可扩展的解决方案，以解决设计、工程和制造方面的挑战。Forge 工具可帮助公司构建可利用其管理工程数据用于运维服务的应用程序，从自动化流程到警报、虚拟现实的 3D 浏览器。Forge API 可以与现有软件系统结合使用，以创新的工作方式并从数据中获取更多收益。

Forge 平台包含了一系列 API 与服务：浏览器（viewer）、模型转换（model derivative）API、设计自动化（design automation）API、数据管理（data management）API、现实捕捉（reality capture）API、认证方式（authentication）等，供用户开发自己的软件工具。

Forge 平台提供的 BIM 通用数据环境和一系列 API 见图 C.4－1，Forge 平台中 BIM 数据和运维数据的集成见图 C.4－2。

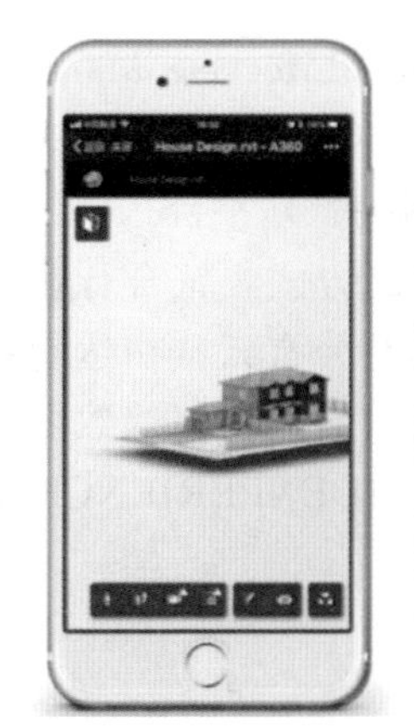
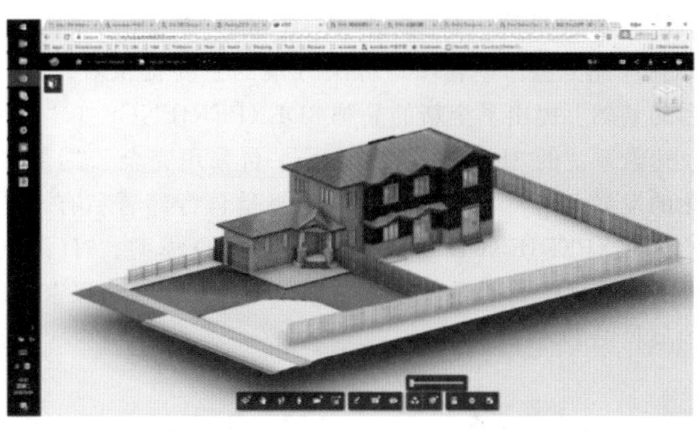

图 C.4－1　Forge 平台提供的 BIM 通用数据环境和一系列 API

图 C.4－2　Forge 平台中 BIM 数据和运维数据的集成

附录 D Dassault 水利水电工程 BIM 解决方案

D.1 总体方案

D.1.1 总体介绍

法国达索系统（Dassault Systémes）是 PLM（Product Lifecycle Management，产品全生命期管理）解决方案的主要提供者。2014 年，达索系统在 V6 平台的基础上提出了全新的品牌 3DEXPERIENCE（“3D 体验”）平台。

达索系统的 3DEXPERIENCE 平台采用完全云端部署的方式，符合行业平台化的发展方向，并允许各单位选择是自行部署私有云还是公有云。在达索系统的 3DEXPERIENCE 平台上，所有的 3D 模型、2D 图纸和文档资料等数据都存储在数据库中，提升了企业数据成果的安全性与保密性。3DEXPERIENCE 基本构架见图 D.1-1。

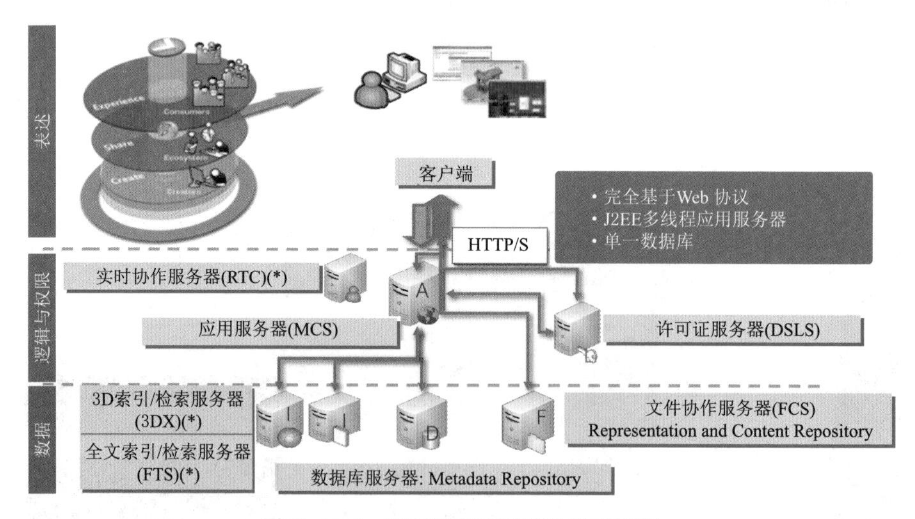

图 D.1-1　3DEXPERIENCE 基本构架

在 3D 模型成果数据化的基础上，实现了数据操作的横向打通。即在达索系统的 3DEXPERIENCE 平台上，所有业务共用同一套数据，基于这一套数据实现了从模型搭建到有限元分析，再到模拟仿真，直至可视化展示（VR）等一系列专业化操作。既解决了不同软件之间的频繁数据转换而造成的数据丢失，又具有基本的协同功能与优势，使得所有用户都是基于同一个平台与数据开展业务，不存在设计人员之间的版本不一致等信息孤岛问题。此外，数据的安全性也大大增强。

面向水利水电行业，达索系统的战略是以 BIM 为核心，将项目参与各方（业主、设计方、施工方等）全面集成起来，在一个统一的全 3D 工作环境下，面向内部生产团队和外部用户开展业务。

3DEXPERIENCE 平台以构件为单位进行 BIM 模型的管理，支持多用户在网络平台上开展并发式协同设计。系统可以针对每个构件设定操作权限，并管理数据的历史版本。例如，水工设计工程师可以把水工或坝工模型的一个稳定版本通过发布分享给设备工程师作为参考，并使得设备工程师只能读取水工或坝工模型而不能修改。与此同时，水工设计工程师继续改进水工或坝工模型，直至获得下一个稳定版本，然后再分享给设备工程师。

3DEXPERIENCE 平台可使用轻量化方式打开模型进行快速浏览，以获得较高的系统性能；而当需要修改模型时，可以打开局部模型进行修改，而不需要打开整个 BIM 模型。这种方式能管理非常大型的水利水电 BIM 模型，并把系统性能控制在合理的范围内。

在 3DEXPERIENCE 平台的相关模块中已经预置了基于国际标准 IFC 编制的 BIM 数据格式，其中定义了各种对象类型及相关属性，并与 IFC 4 完全兼容。通过 IFC 数据接口，可以把多种软件创建的 BIM 模型导入到 3DEXPERIENCE 平台中进行管理。在此基础上，系统管理员可以通过专门的工具来自定义新的对象类型和属性，以满足企业灵活多变的业务需求。

D.1.2 主要产品

基于 3DEXPERIENCE 平台，达索面向水利水电行业提供基于统一数据源、覆盖全生命周期，在线实时协同的全专业、全阶段解决方案。整个解决方案围绕 ENOVIA 数据管理平台，实现对于数据、流程、业务的统一管理和敏捷应用。借助 CATIA、SOLIDWORKS、GEOVIA 实现模型的创建，利用 SIMULIA、DYMOLA、DELMIA 实现 CAD/CAE 一体化仿真分析，利用 ENOVIA、EXALEAD 实现大数据分析、多元数据整合和数据资产管理，利用 3DEXCITE 实现照片级渲染和场景整合工作，利用 CATIA Composer 实现数字成果离线交付。此外，达索解决方案中还提供 DELMIA/APRISO 实现资产管理和物料跟踪。用户可在 3DEXPERIENCE 平台中定义各种参数化设计模板和脚本，从而进行智能化设计。同时，3DEXPERIENCE 提供多种二次开发方式，包括宏命令、Automation 方式（可通过 VBA、VSTA 等方式开发）、CAA 方式（可通过 C++开发）等，可支持用户开发自动化设计功能。3DEXPERIENCE 平台还支持 Web 端应用开发，让应用真正实现轻量化，可以随时随地使用。

D.1.3　硬件要求

达索官方推荐的服务器配置见表 D.1-1，达索官方推荐的客户端三维设计配置见表 D.1-2，达索官方推荐的网页端应用配置见表 D.1-3，达索官方推荐的客户端渲染推荐配置见表 D.1-4。

表 D.1-1　　达索服务器配置

在线人数	服务器	数量	类型	服务	配置
<50	一体化服务器	1	—	3DPassport 3DDashboard 3DSpace 3DSearch 3DSwym 3DNotification 3DComment Central FCS 3DIndex 3DSpaceIndex 3Dorchestrate Exalead Cloudview Autovue Server（可选） 数据库软件	CPU：12 核 3.4GHz 以上×2 内存：128GB 以上 DDR4 网络：千兆网卡 硬盘：500GB 以上 PCI-E SSD 或 SAS 12Gb/s 15k rpm HDD 外部储存：4T 以上
50～200	应用服务器	1～2	LB	3DPassport 3DDashboard 3DSpace 3DSearch 3DSwym 3DNotification 3DComment 3Dorchestrate	CPU：12 核 3.4GHz 以上×2 内存：128GB 以上 DDR4 网络：千兆网卡 硬盘：500GB 以上 PCI-E SSD 或 SAS 12Gb/s 15k rpm HDD
	文件索引服务器	1～2	LB	Central FCS 3DIndex 3DSpaceIndex Exalead Cloudview Autovue Server（可选）	CPU：8 核 3.4GHz 以上×2 内存：64GB 以上 DDR4 网络：千兆网卡 硬盘：500GB 以上 PCI-E SSD 或 SAS 12Gb/s 15k rpm HDD 外部储存：根据需要，最少 4T

续表

在线人数	服务器	数量	类型	服 务	配 置
50～200	数据库服务器	2	FL	数据库软件	CPU：8核3.4GHz以上×2 内存：128GB以上DDR4 网络：千兆网卡 硬盘：500GB以上PCI-E SSD或SAS 12Gb/s 15k rpm HDD 外部储存：根据需要，最少500G
	网络扩展服务器	1	—	Apache	CPU：8核2.4GHz以上 内存：32GB以上DDR4 网络：千兆网卡 硬盘：200GB以上PCI-E SSD或SAS 12Gb/s 15k rpm HDD
200～1000	应用服务器	2	LB	3DPassport 3DDashboard 3DSpace 3DSearch 3DComment 3DSwym基础模块	CPU：12核3.4GHz以上×2 内存：128GB以上DDR4 网络：千兆网卡 硬盘：500GB以上PCI-E SSD或SAS 12Gb/s 15k rpm HDD
	文件服务器	2	LB FL	Central FCS	CPU：8核3.4GHz以上×2 内存：64GB以上DDR4 网络：千兆网卡 硬盘：500GB以上PCI-E SSD或SAS 12Gb/s 15k rpm HDD 外部储存：根据需要，最少20T
	文件索引服务器	2	LB	3DIndex 3DSpaceIndex Exalead Cloudview Autovue Server（可选）	CPU：8核3.4GHz以上×2 内存：128GB以上DDR4 网络：千兆网卡 硬盘：500GB以上PCI-E SSD或SAS 12Gb/s 15k rpm HDD 外部储存：根据需要，最少10T
	社区服务器	2	LB	3DSwym Index Exalead Cloudview	CPU：8核3.4GHz以上×2 内存：64GB以上DDR4 网络：千兆网卡 硬盘：500GB以上PCI-E SSD或SAS 12Gb/s 15k rpm HDD 外部储存：根据需要，最少4T

续表

在线人数	服务器	数量	类型	服务	配置
200～1000	文件转换服务器	2	LB	3DSwym Video Converter	CPU：8 核 3.4GHz 以上×2 内存：64GB 以上 DDR4 网络：千兆网卡 硬盘：500GB 以上 PCI－E SSD 或 SAS 12Gb/s 15k rpm HDD
	通知服务器	2	LB FL	3DNotification 协作通知服务	CPU：8 核 2.4GHz 以上×2 内存：64GB 以上 DDR4 网络：千兆网卡 硬盘：200GB 以上 PCI－E SSD 或 SAS 12Gb/s 15k rpm HDD
	网络扩展服务器	2	LB FL	Apache	CPU：8 核 2.4GHz 以上 内存：32GB 以上 DDR4 网络：千兆网卡 硬盘：200GB 以上 PCI－E SSD 或 SAS 12Gb/s 15k rpm HDD
1000＋	应用服务器	2	LB	3DPassport	CPU：12 核 3.4GHz 以上×2 内存：128GB 以上 DDR4 网络：千兆网卡 硬盘：500GB 以上 PCI－E SSD 或 SAS 12Gb/s 15k rpm HDD
	应用服务器	2	LB	3DSpace	CPU：12 核 3.4GHz 以上×2 内存：128GB 以上 DDR4 网络：千兆网卡 硬盘：500GB 以上 PCI－E SSD 或 SAS 12Gb/s 15k rpm HDD
	应用服务器	2	LB	3DSearch	CPU：12 核 3.4GHz 以上×2 内存：128GB 以上 DDR4 网络：千兆网卡 硬盘：500GB 以上 PCI－E SSD 或 SAS 12Gb/s 15k rpm HDD
	应用服务器	2	LB	3DDashboard	CPU：12 核 3.4GHz 以上×2 内存：128GB 以上 DDR4 网络：千兆网卡 硬盘：500GB 以上 PCI－E SSD 或 SAS 12Gb/s 15k rpm HDD

续表

在线人数	服务器	数量	类型	服　务	配　置
1000+	应用服务器	2	LB	3DComment	CPU：12核3.4GHz以上×2 内存：128GB以上DDR4 网络：千兆网卡 硬盘：500GB以上PCI-E SSD或SAS 12Gb/s 15k rpm HDD
	索引服务器	2+	LB FL	Central FCS 3DSpaceIndex Exalead Cloudview	CPU：8核3.4GHz以上×2 内存：64GB以上DDR4 网络：千兆网卡 硬盘：500GB以上PCI-E SSD或SAS 12Gb/s 15k rpm HDD 外部储存：根据需要，最少4T
	索引服务器	2+	LB	3DIndex 3DSpaceIndex Exalead Cloudview	CPU：8核3.4GHz以上×2 内存：64GB以上DDR4 网络：千兆网卡 硬盘：500GB以上PCI-E SSD或SAS 12Gb/s 15k rpm HDD 外部储存：根据需要，最少4T
	文件服务器	2	LB FL	Autovue Server（可选）	CPU：8核3.4GHz以上×2 内存：64GB以上DDR4 网络：千兆网卡 硬盘：500GB以上PCI-E SSD或SAS 12Gb/s 15k rpm HDD 外部储存：根据需要，最少40T
	社区服务器	2	LB	3DSwym基础模块	CPU：8核3.4GHz以上×2 内存：64GB以上DDR4 网络：千兆网卡 硬盘：500GB以上PCI-E SSD或SAS 12Gb/s 15k rpm HDD
	社区服务器	2	LB	3DSwym Video Converter	CPU：8核3.4GHz以上×2 内存：64GB以上DDR4 网络：千兆网卡 硬盘：500GB以上PCI-E SSD或SAS 12Gb/s 15k rpm HDD

续表

在线人数	服务器	数量	类型	服务	配置
1000+	社区服务器	2+	LB	3DSwym Index Exalead Cloudview	CPU：8 核 3.4GHz 以上×2 内存：64GB 以上 DDR4 网络：千兆网卡 硬盘：500GB 以上 PCI－E SSD 或 SAS 12Gb/s 15k rpm HDD
	通知服务器	2	LB FL	3DNotification 协作通知服务	CPU：8 核 2.4GHz 以上×2 内存：64GB 以上 DDR4 网络：千兆网卡 硬盘：200GB 以上 PCI－E SSD 或 SAS 12Gb/s 15k rpm HDD
	网络扩展服务器	14	LB FL	Apache	CPU：8 核 2.4GHz 以上 内存：32GB 以上 DDR4 网络：千兆网卡 硬盘：200GB 以上 PCI－E SSD 或 SAS 12Gb/s 15k rpm HDD

注 1. Autovue Server 为在线浏览和批阅的软件，需要许可支持，需要单独安装。
2. 数据库软件可以选择 Oracle 或 SQLServer。
3. 以上均未涉及许可服务器，许可服务器要求很低，普通电脑即可。
4. 协作通知服务可使用 Microsoft Lync、Microsoft Skype Enterprise 等。
5. FL 为失效转移（Failover）类型的服务，LB 为负载均衡（Loadbalance）类型的服务。
6. CPU 的 GHz 数是指主频，不是睿频。主频越高系统性能越好，不推荐使用 2.2GHz 以下的 CPU。
7. 服务器可以使用物理机或者虚拟化服务器，虚拟化支持 VMware ESXi 6.0、6.5 或 6.7，微软 Hyper－V，SuSE KVM 以及 Citrix Xen。

表 D.1－2　　客户端三维设计配置

配置类型	最低配置	主流配置	高级应用配置
台式机	CPU：3.5GHz 以上 CPU 内存：8G DDR4 显卡：Nvidia Quadro P620 硬盘 1：256G PCI－E SDD 硬盘 2：1T SATA HDD	CPU：3.5GHz 以上 CPU 内存：32G DDR4 显卡：Nvidia Quadro P2000 硬盘 1：256G PCI－E SSD 硬盘 2：1T SATA HDD	CPU：4.0GHz 以上 CPU 内存：128G DDR4 显卡：Nvidia Quadro RTX4000 硬盘 1：512G PCI－E SSD 硬盘 2：1T SATA HDD
笔记本电脑	CPU：3.2GHz 以上 CPU 内存：8G DDR4 显卡：Nvidia Quadro P500 硬盘：512G PCI－E SDD	CPU：3.2GHz 以上 CPU 内存：32G DDR4 显卡：Nvidia Quadro P2200/RTX 3000 硬盘：512G PCI－E SDD	CPU：3.5GHz 以上 CPU 内存：64G DDR4 显卡：Nvidia Quadro RTX4000 硬盘：1T PCI－E SSD

注 1. 最低配置仅能满足局部零件设计，基本无法打开地形文件。
2. 主流配置用于单专业设计以及三角面数量小于 300 万的地形面设计。
3. 高级应用配置用于处理工程总装配、超大范围地形（地形三角面数量可达 2000 万，升级更高级别显卡可打开含更多三角面的地形）。

表 D.1-3 网页端应用配置

配置类型	最低配置	主流配置	高级应用配置
台式机	CPU：3.2GHz 以上 CPU 内存：8G DDR4 显卡：Nvidia Quadro P400 硬盘：256G PCI-E SDD	CPU：3.2GHz 以上 CPU 内存：16G DDR4 显卡：Nvidia Quadro P620 硬盘：256G PCI-E SDD	CPU：3.5GHz 以上 CPU 内存：32G DDR4 显卡：Nvidia Quadro P2000 硬盘：256G PCI-E SDD
笔记本电脑	CPU：3.2GHz 以上 CPU 内存：8G DDR4 显卡：Nvidia Quadro P400 硬盘：256G PCI-E SDD	CPU：3.2GHz 以上 CPU 内存：16G DDR4 显卡：Nvidia Quadro P620 硬盘：256G PCI-E SDD	CPU：3.5GHz 以上 CPU 内存：32G DDR4 显卡：Nvidia Quadro P2200/RTX3000 硬盘：256G PCI-E SDD

注 1. 网页端应用由于使用了 WebGL 技术，会降低一部分硬件消耗。
2. 网页端应用有性能限制，暂时无法支持三角面数量超过 2000 万的曲面显示。

表 D.1-4 客户端渲染推荐配置

配置类型	最低配置	主流配置	高级应用配置
台式机	CPU：3.5GHz 以上 CPU 内存：32G DDR4 显卡：Nvidia Quadro RTX4000 硬盘 1：512G PCI-E SDD 硬盘 2：4T SATA HDD	CPU：4.0GHz 以上 CPU 内存：128G DDR4 显卡：Nvidia Quadro RTX6000 硬盘 1：512G PCI-E SDD 硬盘 2：4T SATA HDD	CPU：4.0GHz 以上 CPU×2 内存：256G DDR4 显卡：Nvidia Quadro RTX8000 硬盘 1：512G PCI-E SDD 硬盘 2：4T SATA HDD
笔记本电脑	CPU：3.2GHz 以上 CPU 内存：32G DDR4 显卡：Nvidia Quadro RTX4000 硬盘：1T PCI-E SDD	CPU：3.5GHz 以上 CPU 内存：64G DDR4 显卡：Nvidia Quadro RTX5000 硬盘：1T PCI-E SDD	CPU：4.0GHz 以上 CPU 内存：128G DDR4 显卡：Nvidia Quadro RTX6000 硬盘：1T PCI-E SDD

注 1. 此配置用于 3DEXCITE 进行渲染或在显示模式中打开了 Stella 渲染。
2. 此配置主要服务于后期展示，不是必须选项。

D.2 设计 BIM 方案

达索系统面向水利水电行业的设计解决方案是以 CATIA 为依托，利用其强大的曲面建模功能及参数化设计能力，实现空间曲面造型、分析等多种设计功能，适用于诸如双曲拱坝等造型复杂、超大体量的水利水电设计项目。

D.2.1 勘测专业

达索通过 CATIA 中的 CIV 模块实现勘测专业的主要建模功能，同时还可利用GEOVIA Surpac实现勘测数据的持续管理。

CIV模块主要通过三项主要技术实现勘测专业的落地：

（1）基于EPSG编码GML格式的地理定位系统。利用与ArcGIS、超图等主流GIS软件普遍兼容的EPSG编码以及GML格式文件，实现从GIS软件到CIV模块的定位顺滑过渡，并可支持独立坐标系的定义。

（2）多格式导入与超大点云支持。除了支持通过传统的点云（ASCII格式）、激光雷达（las、laz格式）、倾斜摄影（dae、fbx格式）、GIS（CityGML、osm、shp、hgt等格式）、地质专用格式（ts格式）的直接导入外，自2019x版本，CIV模块加入对超大范围点云的支持，通过将点云轻量化加载，达到随取随用的目的，从而实现了应用与加载速度的平衡，见图D.2-1。

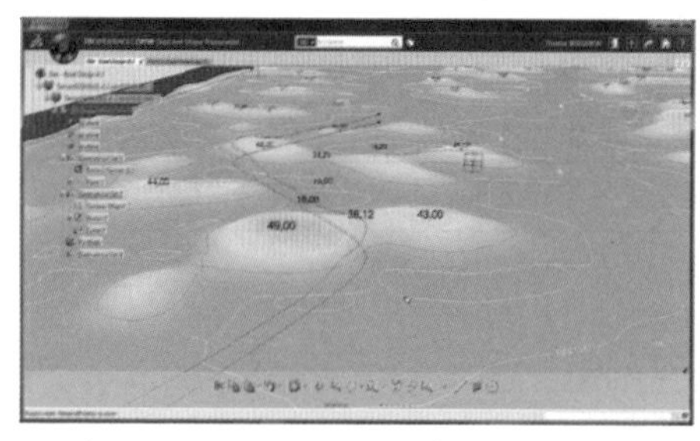

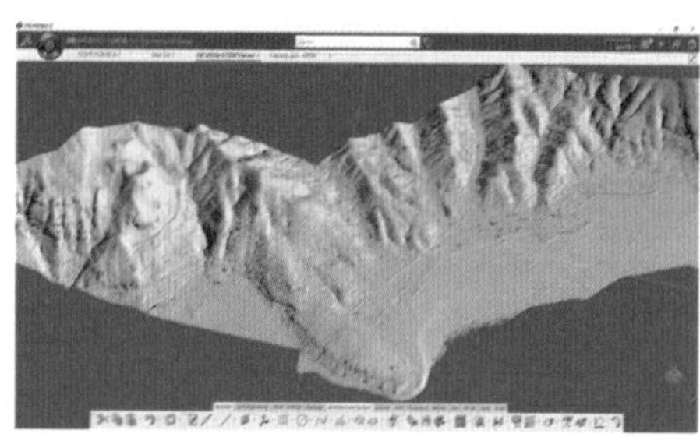

(a)点云　　(b)超大点云

图D.2-1　导入的数据

（3）多种类型的几何特征使用。当前达索支持生成三种格式的模型，包括Mesh模型、NURBS模型以及POLYHEDRAL模型，这三种类型可以针对不同的工程类型使用。其中POLYHEDRAL格式的模型支持从Mesh到NURBS的混合式建模，是测绘专业较为适宜的模型格式。

（4）支持从地图应用中直接导入3D模型和DOM数据。CIV模块还支持从网上（https：//www.openstreetmap.org）下载街景地图或从Google Map中导入3D模型。在2018x版本后，CIV模块还支持导入DOM数据，见图D.2-2。

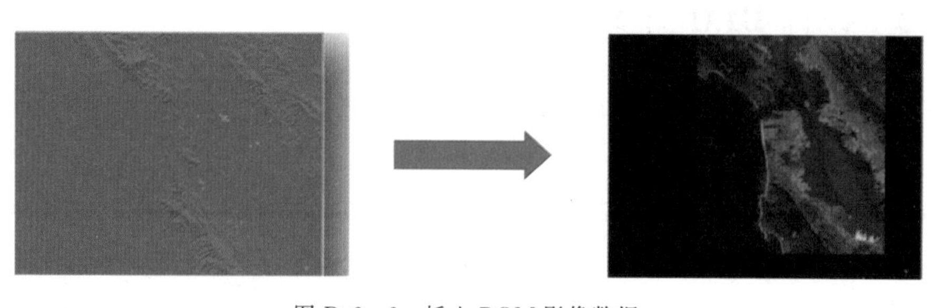

图D.2-2　插入DOM影像数据

D. 2. 2　水工专业

水工结构设计主要应用 3D 建模与曲面造型功能。应用专为土木工程提供的参数化建模工具，适用于水坝、桥梁、隧道等工程设计；此外，内置上百种预定义的土木工程构件模板，并允许用户自定义模板。结合强大的参数化能力，还能实现与混凝土联动的钢筋设计。大坝建模及钢筋设计见图 D. 2 - 3。

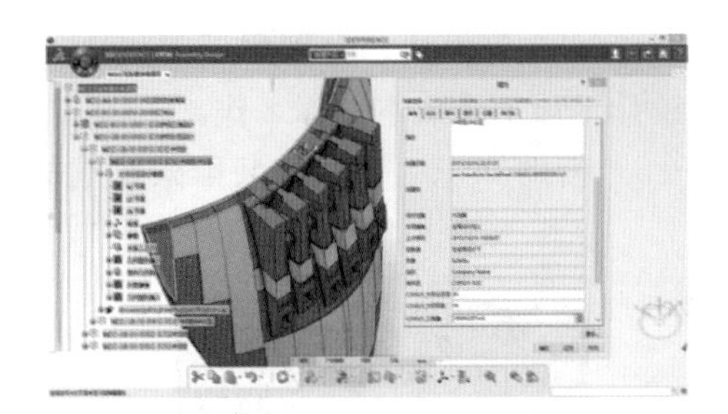

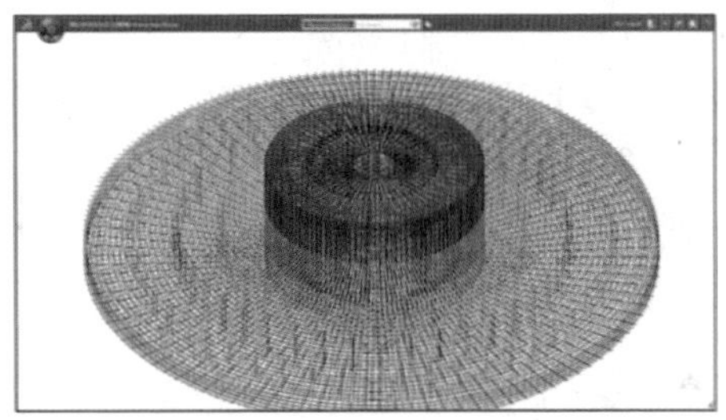

图 D. 2 - 3　大坝建模及钢筋设计

此外，借助达索 CATIA 强大的知识工程工具，可以实现从 App 定制、界面开发、数据自定义、知识集成等一系列工作，形成企业独有的专用工具（见图 D. 2 - 4）。

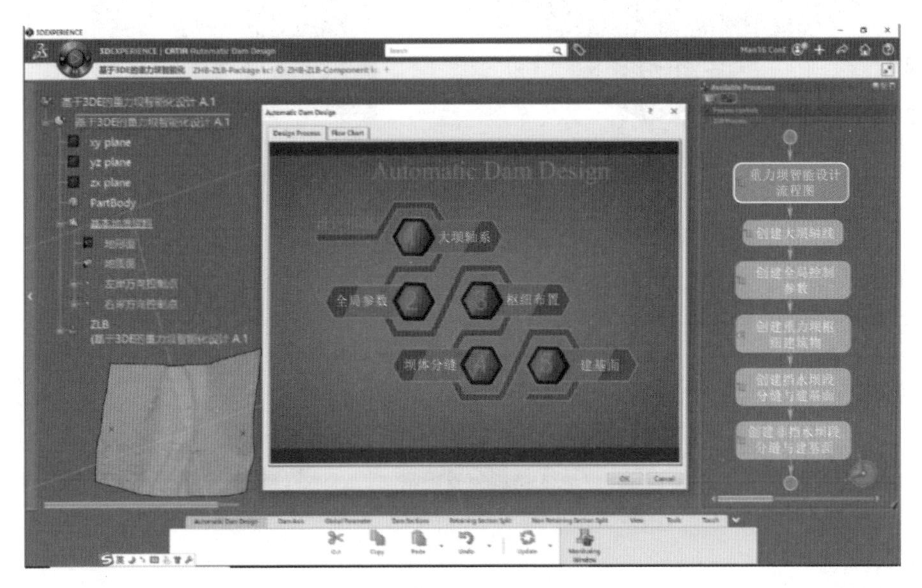

图 D. 2 - 4　大坝专用快速建模工具

D.2.3　建筑专业

建筑专业通常包括结构和建筑两部分内容，对于达索3DEXPERIENCE平台来说，借助CATIA中的BDG、ADL、ACG、STV等模块可以实现从概念设计到建筑结构/钢结构构件设计。

其设计思路和设计方法学与主流建筑设计软件类似，基于轴网创建建筑骨架，从而实现建筑物从整体到细部的具体设计。在此基础上，通过ACG、STV模块的配合，借助知识工程（如KDI、KPO、KHC等模块，属于CATIA）和数据分析工具（如CCM、CIE、CIO、ATT、ATP等模块，分别属于ENOVIA和EXALEAD）实现建筑物装配式部件的设计、加工及成本估算工作。

建筑物设计与建筑空间规划见图D.2-5，借助知识工程实施装配式建筑的快速构建见图D.2-6。

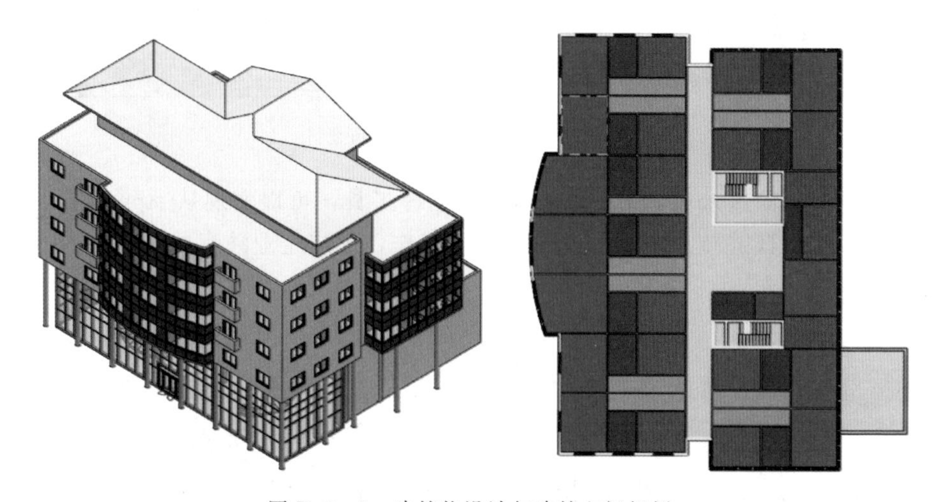

图D.2-5　建筑物设计与建筑空间规划

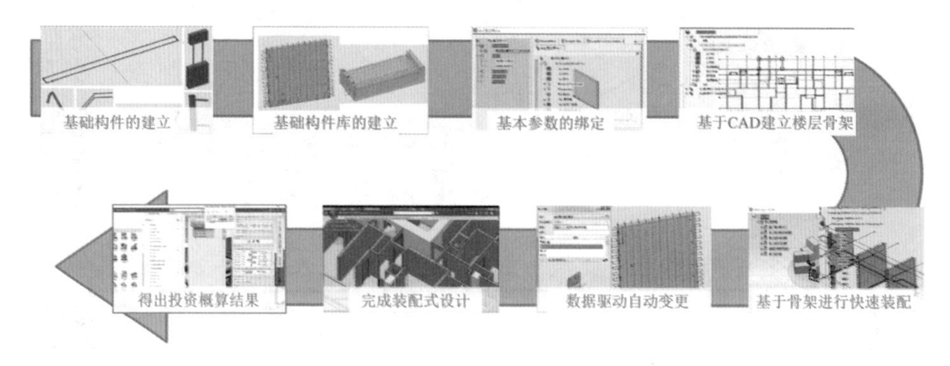

图D.2-6　借助知识工程实施装配式建筑的快速构建

D. 2. 4 路桥专业

在路桥设计方面，达索针对道路和桥梁分别开发了专有模块进行相关设计工作。

（1）道路设计。在 CIV 模块中，当前针对道路、轨道交通及排水系统分别拥有各自的设计专属工具。以道路为例，它包含了线路设计、道路横断面设计、平台设计等多个功能。其中道路的平纵曲线设计支持多种曲线形式，包括回旋线、正弦/余弦、抛物线、卵形曲线、反向曲线等，且支持在线路设计过程中和结束后对线路进行建筑物规划（插入桥梁、隧道等），并支持基于设计边坡的粗略工程量统计，用于前期快速比较设计方案。

在设计线路过程中还支持对于线路超高、线路车道、转换长度、车速、视距等的设置，且支持通过 XML 文件进行扩展，从而实现对多国标准的兼容。

从 2019x 版本后，CIV 加入了道路横断面设计和平台设计，实现了道路设计的全部主要功能。道路横截面设计见图 D. 2 - 7。

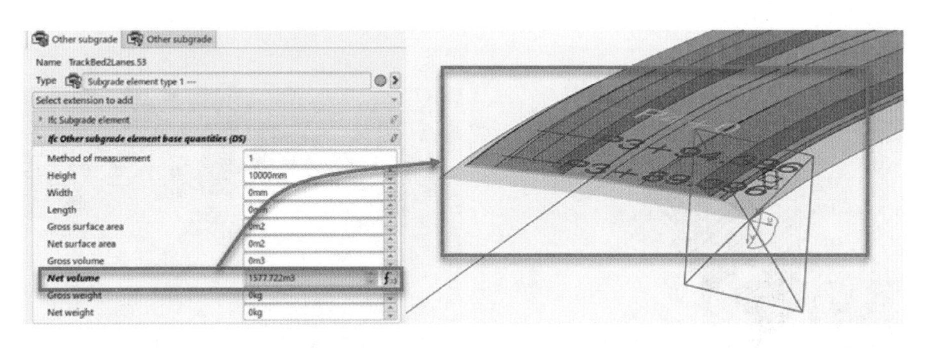

图 D. 2 - 7　道路横截面设计

（2）桥梁设计。在 CIV 模块中，提供桥梁设计助手的一体化桥梁设计工具。桥梁设计助手可帮助设计师从简单的示意线框模型开始直到生成详细的 3D 模型。利用该设计助手可快速生成各类设计解决方案，用于快速方案比较，且利用达索基于部件的设计（CBD）方法，可以轻松实现 LOD200 到 LOD400 的 BIM 设计的平滑过渡。

桥梁设计助手见图 D. 2 - 8。

D. 2. 5 金属结构专业

达索针对机械设计产品和金属结构构件提供 STR、MDG 等多个模块供金属结构专业使用，在实际设计过程中，根据所设计的产品不同，可采用不同的模块。金属结构设计见图 D. 2 - 9。

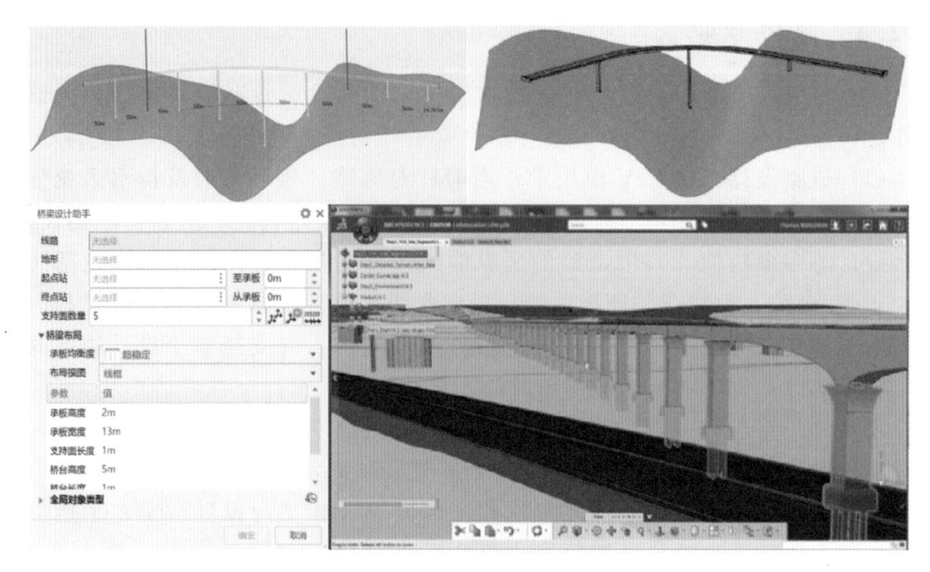

图 D.2-8　桥梁设计助手

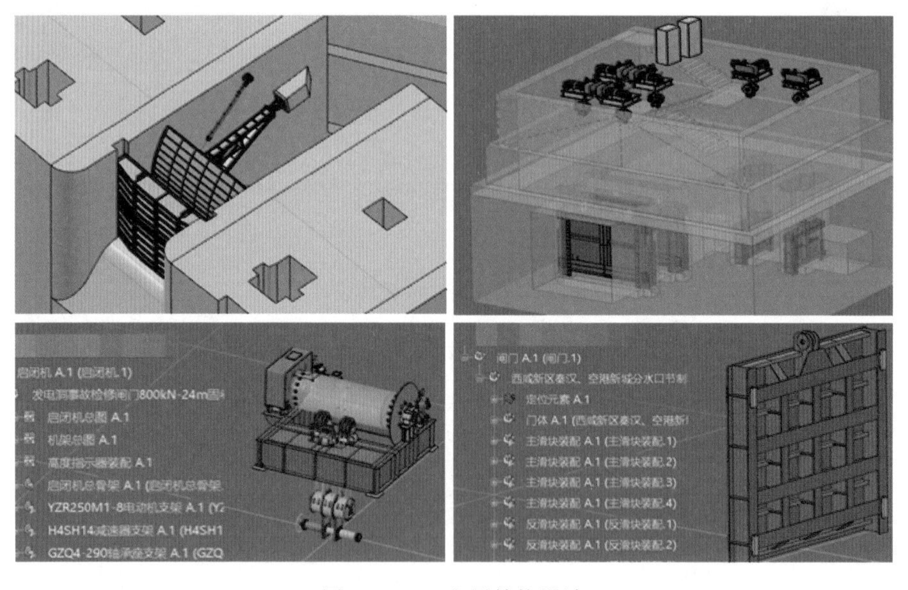

图 D.2-9　金属结构设计

通常情况下，对于机械结构设计，如启闭机、电动葫芦等机械产品，可采用 MDG 模块或者使用 SolidWorks 进行设计，而对于平板闸门、弧形闸门、叠梁门、启闭机门架等钢结构设计，则可以采用 STR 模块进行设计。

D.2.6 电气专业

达索针对电气专业提供 ELG、ELD、RWD 等多种级别的 3D 电气设计模块，以及 SEF 等基于 2D 原理图的电气系统设计。达索还提供基于 2D 原理图与 3D 电气模型设计之间的自动映射，实现线缆空间规划与系统设计的自动匹配以及电缆敷设的自动优选和工程量统计。电气专业工作流程见图 D.2－10。

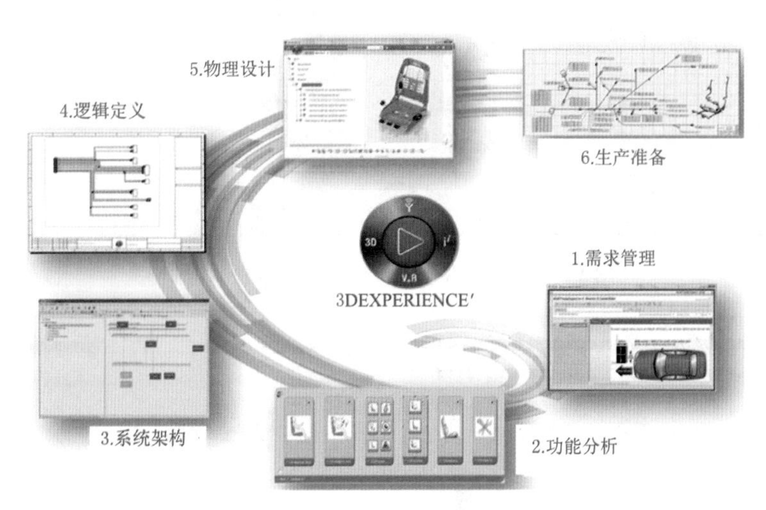

图 D.2－10　电气专业工作流程

D.2.7 动力专业

达索针对动力专业提供 FLG 模块以进行 3D 管路和 HVAC 设计，同时通过 SEF 实现基于 2D 原理图的管路及 HVAC 的系统设计。与电气设计类似，达索提供 2D 原理图与 3D 电气模型设计之间的自动映射，从而可以轻松实现管路连接的设计验证。

除此之外，针对管路及 HVAC 系统设计，达索还提供镶入式的系统设计与 DYMOLA 系统动力学仿真的集成，可以实现超大规模复杂管路及 HVAC 系统的 CAD/CAE 一体化设计。

某系统设计的 Dymola 仿真分析见图 D.2－11。

D.2.8 造价专业

针对造价专业，3DEXPERIENCE 平台支持通过 CATIA、DELMIA 和 ENOVIA 端，根据特征类型和知识工程规则，按照指定的格式生成工程量表。

基于网页端和本地客户端的造价工程量统计信息见图 D.2－12。

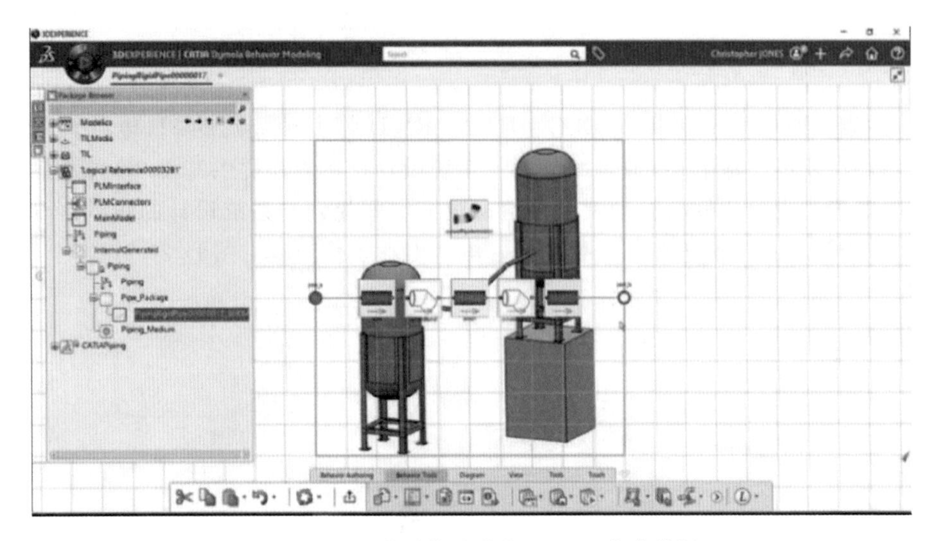

图 D.2-11　某系统设计的 Dymola 仿真分析

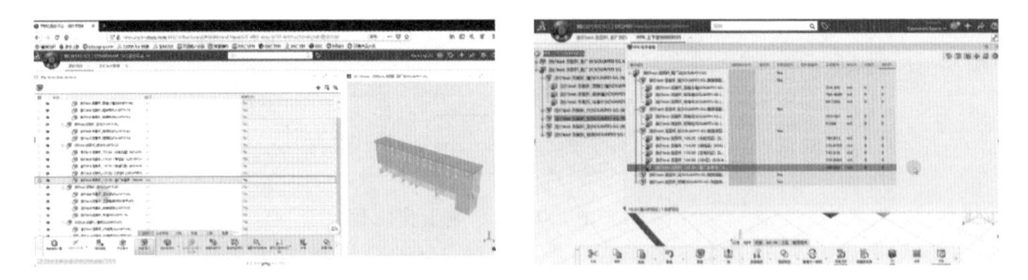

图 D.2-12　基于网页端和本地客户端的造价工程量统计信息

达索还借助 ENOVIA 的统一数据源和 EXALEAD 的大数据分析，借助 CCM、CIE、CIO、ATT、ATP 等模块，实现工程大数据的自动分析处理，并按照相似性特征进行零件归纳总结，为后期“造价驱动的工程优化”奠定基础。

D.2.9　工程出图

针对水利水电行业定制的出图模板库，提供专业化标注以及极强的可定制性，满足剖切符号、图框、尺寸标注、图案填充等功能，并可通过相关的模板定制和二次开发，实现指北针、比例尺、高程标注、坡度标注等功能，通过和 TXO 功能的结合，实现按照 PLM 类型和 2D/3D 部件制定出图标准。

D.2.10　数值分析

达索系统面向水利水电行业的数值分析解决方案是以 SIMULIA 为依托。SIMULIA 品牌旗下还有用于系统动力学仿真的 Simpack、Simpoe，用于物理场仿真的 Abaqus，用于拓扑优化的 TOSCA，用于多学科设计优化的 Isight，用于疲劳分析的 FE－Safe，用于流体仿真、基于 LBM 方法的 PowerFlow，用于流体仿真、基于格子玻尔兹曼方法的 xFlow，用于电磁学协同仿真的 CST，用于声学协同仿真的 Wave6、Opera、Exa 等。这些软件都可以通过达索的 Powerby 功能与 3DEXPERIENCE 平台中的数据进行双向，无精度损失的数据交互和分析调用。

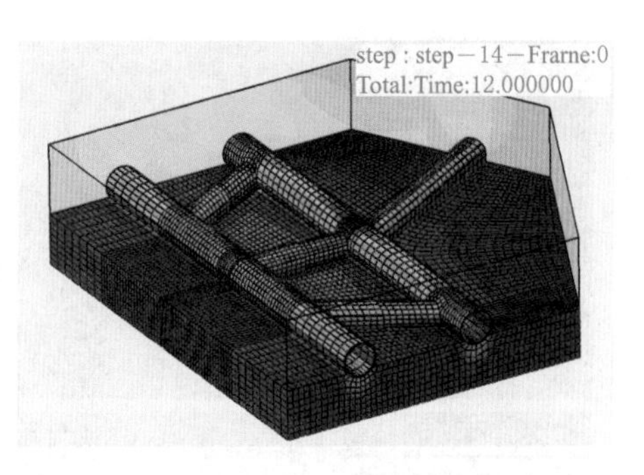

图 D. 2－13　隧洞施工过程数值仿真

隧洞施工过程数值仿真见图 D. 2－13。

通过 3DEXPERIENCE 平台上的 SIMULIA 相关模块（如 FMK、SMU、SFA、SRD、PXA、SSU、DRD 等）实现基于 3DE 平台的一体化分析计算，并通过 RIW、SRA、MDA 等模块进行计算后的数据处理和分析。

某水利水电项目单坝段数值分析见图 D. 2－14。

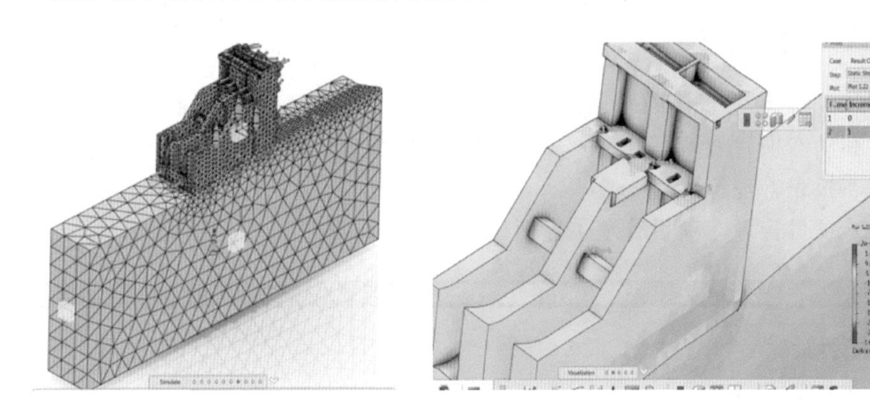

图 D. 2－14　某水利水电项目单坝段数值分析

除了在 SIMULIA 中进行分析外，3DEXPERIENCE 平台支持利用一系列的 Powerby 功能（如 PXK、PX2、PXP、PXA、PXF 等），实现了与 Abaqus、Simpack、Wave6、CST、xFlow 等模块无精度损失的数据交换，从而解决了部分本构关系、算法当前无法在 SIMULIA 中解决的问题。

xFlow 在 HVAC 系统中的应用见图 D. 2－15。

同时，借助 3DEXPERIENCE 平台的数据整合和数据源唯一性，不同的物理仿真软件还借助平台实现多物理场联合仿真，并可通过该平台进行数据交换和基于不同物理学仿真的结果互用。

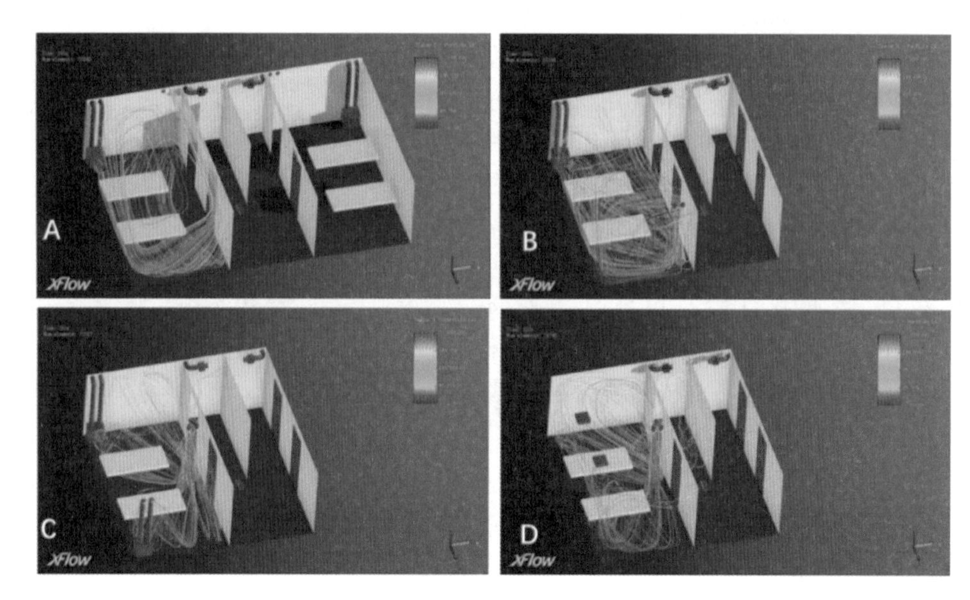

图 D. 2 - 15 xFlow 在 HVAC 系统中的应用

D. 2. 11 设计管理

ENOVIA 可实现协同平台的数据协同，还支持基于数据和业务逻辑的工作流创建和动态项目管理等工作，具体包括项目管理、分类管理、变更管理、设计校审、报表管理等。

（1）项目管理。项目管理主界面见图 D. 2 - 16。

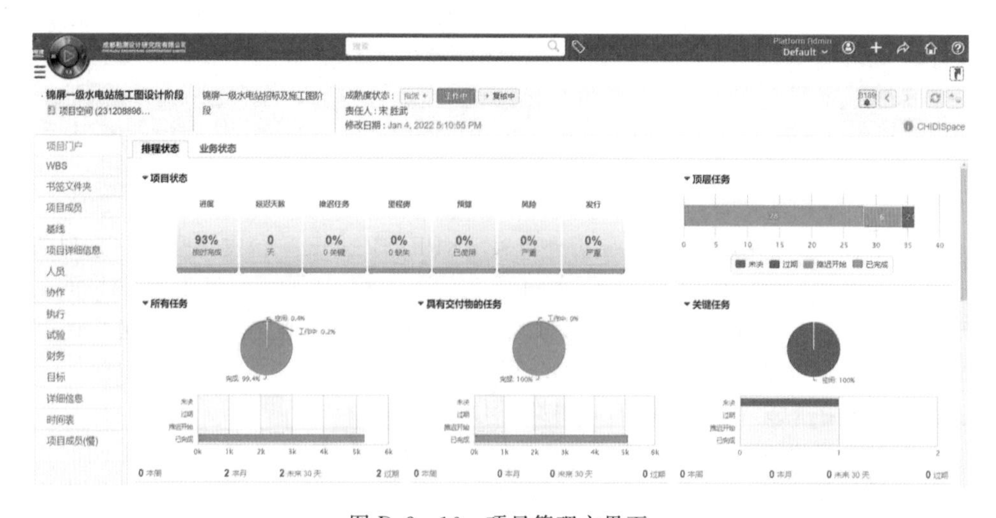

图 D. 2 - 16 项目管理主界面

项目经理可以建立 WBS 结构，制定资源计划及财务预算等，并把任务分配给各个项目成员。项目成员将从系统自动接受任务，并可随时把任务完成情况汇报到系统。同时，系统自动生成项目监控图表板，供项目经理和相关负责人随时了解项目进展状况。项目进度管理见图 D. 2 - 17。

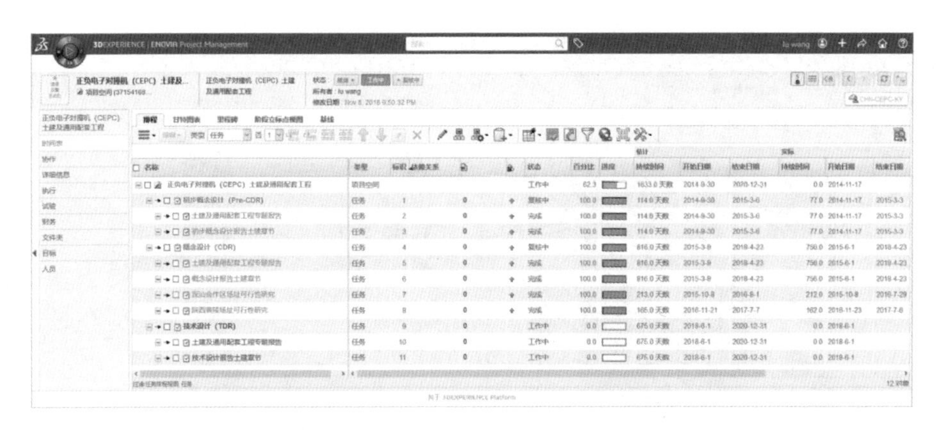

图 D. 2 - 17 项目进度管理

此外，可以把项目任务与 BIM 对象关联起来，因此每个任务可从 BIM 模型中获取相关信息。在项目空间和文件夹中对各种信息进行管理和共享，其中不仅仅是 BIM 模型数据，也可以包括各种 Office 文档、CAD 等各种文件，确保项目各方都能随时获取最新的工作信息。

(2) 分类管理。在 ENOVIA 中动态地定义基于不同分类标准的文档库、产品库、零部件库/元器件库和问题库，并根据业务需求动态更新。

(3) 变更管理。在 ENOVIA 中提供跨多个业务、可定义、规范化的产品变更流程。通过发现问题，提出变更申请（CR），下达变更需求（CO）到变更执行（CA）及最后的校审闭合，在 ENOVIA 借助 CHG 模块实现全局闭环协作变更方法，见图 D. 2 - 18。

图 D. 2 - 18 变更管理

（4）设计校审。在 ENOVIA 中提供多种形式的校审方法，包括客户端的校审模块 DER、DEY，以及网页端的校审模块 DRU。利用这些模块可以实现客户端与网页端校审的一致性，校审人员能在任何移动设备上完成相关校审的工作，并能自动生成校审卡，实现数据和流程的闭环，见图 D.2－19 和图 D.2－20。

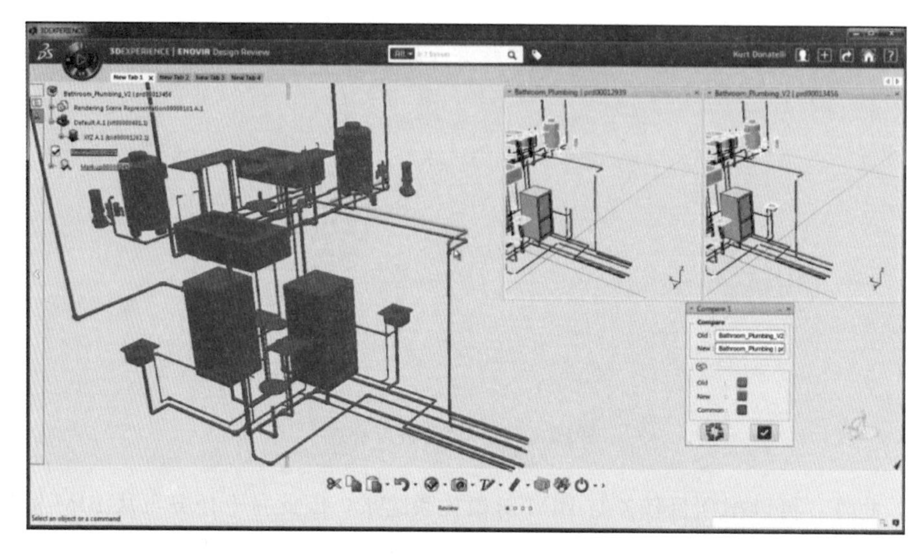

图 D.2－19　客户端校审支持对话中直接引用

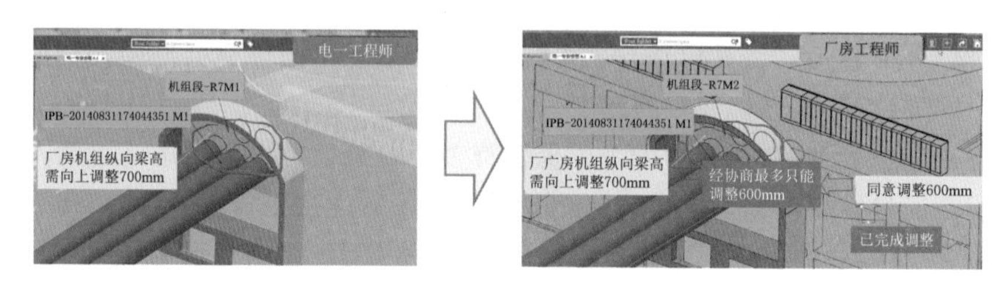

图 D.2－20　网页端和客户端相一致的校审

设计校审人员可以集成多种不同来源的 BIM 数据。对模型进行整合、浏览，并进行批注、测量以及动态 3D 剖切、碰撞检查等。还可对新旧不同版本的对象进行 3D 可视化对比。如果在模型校审中发现问题，可将问题分配给责任人并跟踪解决状况。责任人解决问题后，提交审核人员确认关闭问题。

（5）报表管理。报表管理见图 D.2－21。

RGR、RGD、REG 三个模块分别支持 CATIA 和 ENOVIA 的报表模板生成、报表自动生成，从而实现 3DEXPERIENCE 中的数据至报告、表格的数据的自动关联。当前支持生成的报告格式有 rtf、html、docx、pdf、xlsx、csv。

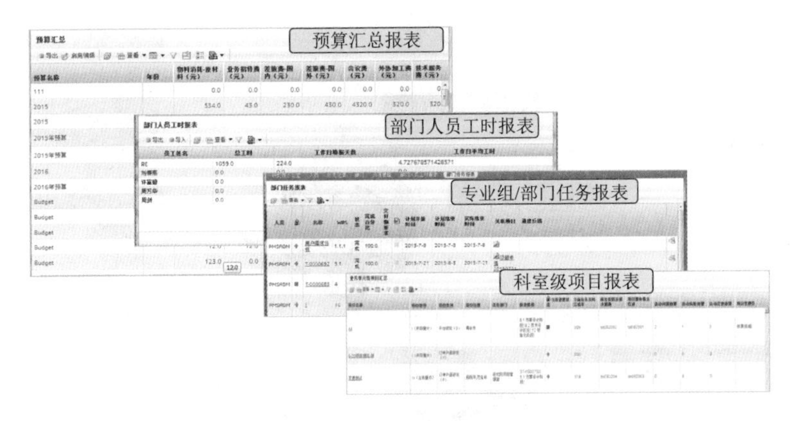

图 D.2-21 报表管理

D.3 施工 BIM 方案

达索系统面向水利水电行业的施工解决方案是以 DELMIA 为依托，开展施工过程管理。

D.3.1 虚拟建造

虚拟建造是利用设计 BIM 成果，并在此基础上增加施工资源，通过数字化、可视化的方式对施工过程进行预演。根据设计工程师提供的 BIM 模型，按施工颗粒度将其拆分，重新构成施工 BIM 模型，随之定义施工计划，将 BIM 模型与计划相关联，最后再将施工资源按照施工任务的工期要求分配到各个施工任务，资源的类型选择和数量根据施工模型计算出的工程量分析得出，DELMIA 可借助知识工程工具以及 PPL、PPM、MAE、ASE 等模块实现自动化资源分配。虚拟建造过程见图 D.3-1。

D.3.2 人机工程

DELMIA 人机工程功能主要包括 EMA、EEA、EWK 等模块，模拟“人”与“物”所共处的环境，将其作为一个系统来仿真计算分析，可用来分析验证人员操作的可行性，有效降低施工风险，提升效率，见图 D.3-2。

D.3.3 物流仿真

DELMIA 通过 Quest（在 3DEXPERIENCE 中为 IEN 模块）来解决物料规

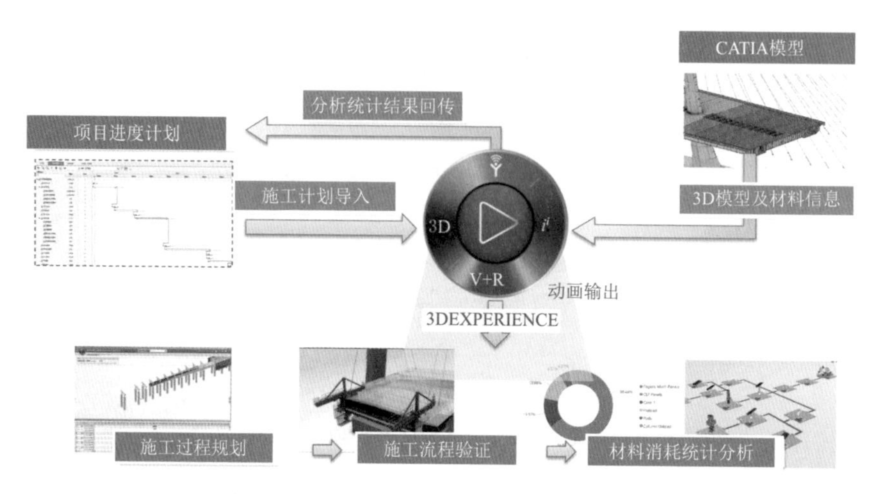

图 D.3－1　虚拟建造过程

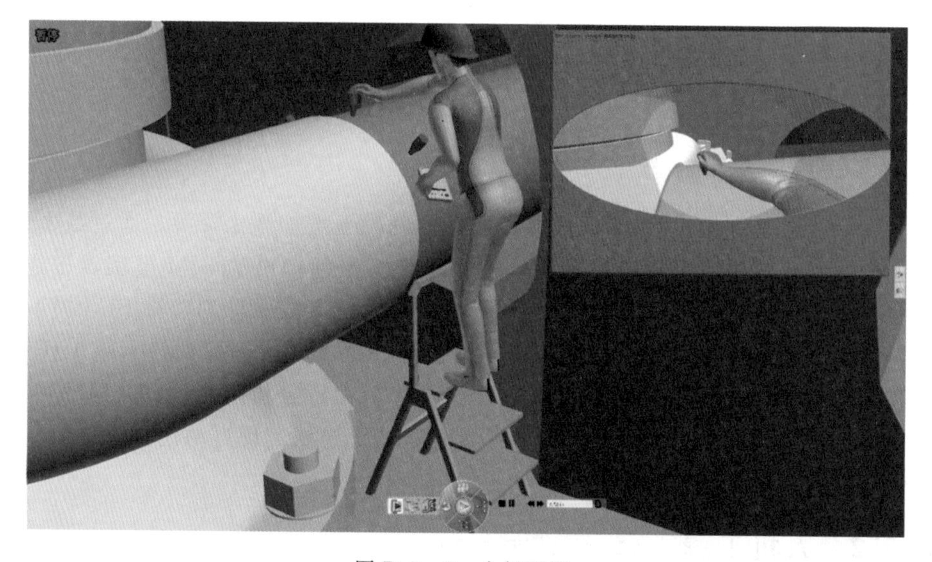

图 D.3－2　人机工程

划问题。与虚拟建造和工艺仿真一起，共同实现水利水电工程的施工仿真计算。利用 Quest 的离散事件仿真技术，可以将 CATIA 创建的道路、渣场、料场，以及 DELMIA 做的施工进度计划、工艺方案等通过 PPR HUB 连接到一起，实现整体仿真分析，并对相关的资源利用情况、高峰强度等进行实时演算，并输出结果，见图 D.3－3。

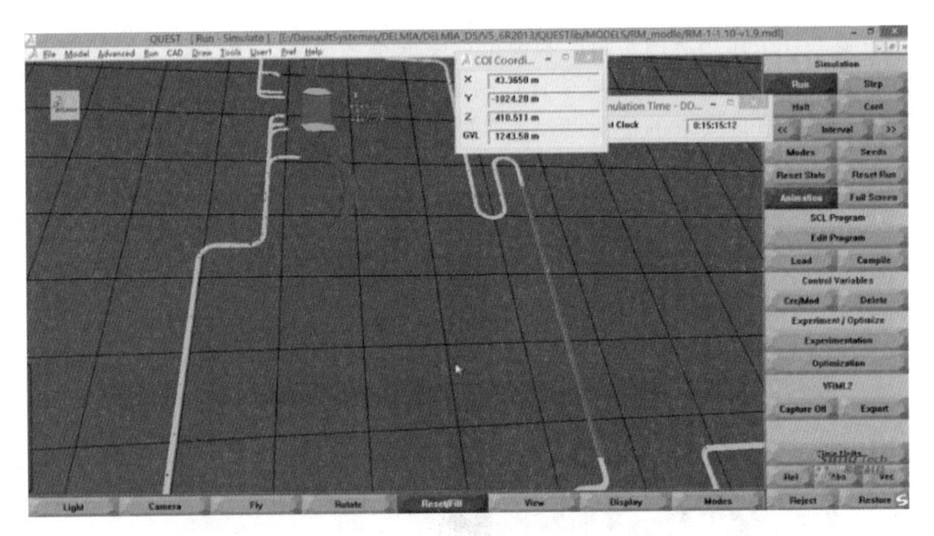

图 D. 3 - 3　DELMIA Quest 运输系统仿真

D. 3. 4　工艺仿真

工艺的可行性分析主要通过 DELMIA 的 EQE、EQS、MFM 等模块实现工艺过程的可信性验证。利用定义好的机械设备，根据实际施工工艺过程在虚拟环境中执行施工流程，并根据实际状况分析设备摆放位置是否合理，施工流程是否存在风险，设备的运输、操作范围能否符合施工需求，施工过程中是否会产生碰撞等安全风险，见图 D. 3 - 4。

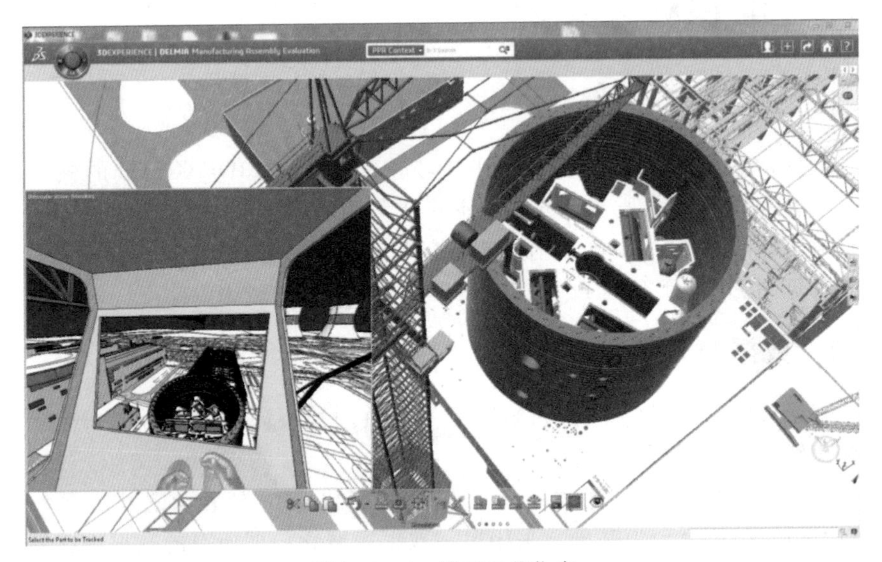

图 D. 3 - 4　施工工艺仿真

而施工方案比选从两个角度来衡量，即成本和工期。通过 DELMIA 的虚拟建筑相关模块与工艺仿真模块结合，制定多个施工路径，综合评定找到最符合项目施工成本进度要求的平衡点，选取最合理方案，见图 D.3－5。

图 D.3－5　施工工艺比选

DELMIA 还可借助 WKS 模块，提供作业指导书。将施工流程及施工所需注意事项通过三维模型与文字描述相结合的方法表达出来，实现技术交底。将标准、常用的工艺工法造册列表，在相似项目中根据实际需求快速调用生成新的交底文件。

D.4　运维 BIM 方案

D.4.1　工程展示

工程展示解决方案是以 3DEXCITE 为依托，借助 3DEXCITE 的核心模块 XAR，将三维模型、材质、灯光、氛围场景等进行组合，并通过多种方式（自然语言编辑器或者 Java 脚本）创建动态交互效果，在虚拟环境中获得身临其境的体验，见图 D.4－1 和图 D.4－2。

D.4.2　数据交付解决方案

达索系统的 BIM 数字化交付解决方案提供两种不同的交付形式：在线交付方案和离线交付方案。

(1) 在线交付方案。达索系统的在线数字化交付方案，是以达索系统的 3DEXPERIENCE 平台为基础，采用单一数据源概念，即所有的数据都存储在数据库中，通过浏览器浏览的方式实现在线交付，见图 D.4－3。以 BIM 数据为核

图 D. 4 - 1 3DEXCITE 渲染下的水工建筑物

图 D. 4 - 2 集成 GIS 数据的 3DEXCITE 渲染场景

心，链接各类工程数据信息；将数据与业务流程绑定，根据计划与实际进度，动态更新数据的最新状态，实现数据的协同交付；通过 3DEXPERIENCE 平台可以进行授权控制，选择性地交付不同的数据内容，并记录浏览的内容。

（2）离线交付方案。除了在线交付解决方案外，达索系统也提供离线数字化交付，采用 CATIA Composer，作为数字化文件浏览与交付的工具。

CATIA Composer 作为一款独立的桌面应用程序，允许用户在不使用复杂模型编辑工具的情况下，以一种较为简单的方式来浏览轻量化的 3D 模型，见图 D. 4 - 4。同时也允许用户向上下游交付一个无法编辑、仅能用于浏览的 3D 模型。

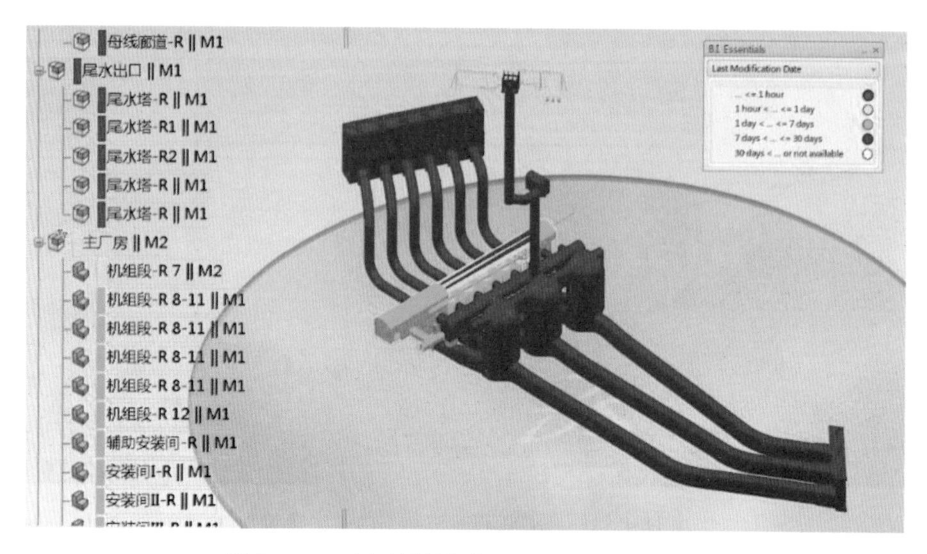

图D.4－3　用不同的颜色显示数据的更新时间

图D.4－4　大坝轻量化浏览

除了基本的浏览操作功能外，CATIA Composer还内置了简单的多媒体制作功能，可用于从3D数字化模型直接创建3D化的说明书、技术操作手册、交互式3D动画等各种3D多媒体文件，见图D.4－5。

CATIA Composer能够支持发布各种形式的3D文件格式，如：pdf、avi、svg、tiff、html、office、smg，方便用户多元化展示3D成果。CATIA Compos-

图 D. 4 - 5　多媒体制作与输出功能

er 还支持网页端集成，能够实现基于插件的 HTML 网页端展示，作为轻量化展示核心与其他信息化系统进行集成。

附录 E

Bentley 水利水电工程 BIM 解决方案

E.1 总体方案

E.1.1 总体介绍

Bentley 针对于水利水电行业的 BIM 解决方案面向全生命期，其全生命期解决方案架构见图 E.1－1。

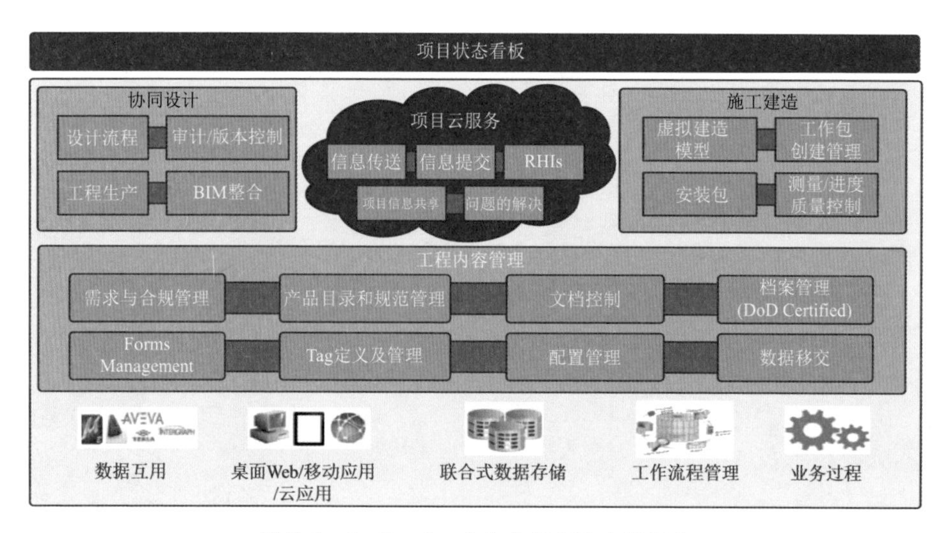

图 E.1－1　Bentley 全生命期解决方案架构

Bentley BIM 解决方案旨在建立工程行业的工程数据管理平台（见图 E.1－2），在设计建造完成后，通过数字化移交的过程，将项目信息的管理转移到资产信息的管理的阶段。

从软件的应用层次，Bentley 软件架构分为三个层次：信息模型发布及浏览，工程数据创建与管理，专业的应用工具软件集，见图 E.1－3。

在全生命期中，同一个产品在不同的阶段具有不同的用处，见图 E.1－4。

项目信息管理
模拟(设计)&施工(建造)

资产信息管理
(操作&运维)

图 E.1-2 工程数据管理平台

专业应用工具软件集

建筑设计 OpenBuildinas Designer
结构设计 OpenBuildinas Designer
建筑设备 OpenBuildinas Designer
建筑电气 OpenBuildinas Designer
水机设备 Open Plant Modeler
电缆敷设 BRCM
变电设计 SubStation
结构 ProStructure
总图场地 CNCCBIM OpenRoad
场地平整 CNCCBIM OpenRoad
实景建模 ContextCapture
淹没分析 OpenFlows Flood
地质勘测 gINT
岩土分析 Plaxis/SoilVision
动画漫游渲染 LumenRT
碰撞检查 Navgitor
进度模拟 Synchro
第三方软件 Third Part Product

工程内容创建平台及项目环境
MicroStation(2D/3D一体化图形应用平台，EC，项目工作标准配置)

工程数据管理平台
ProjectWise Design integration
(协同设计管理环境，非结构化数据管理/文档关系管理/版本管理/项目标准环境管理)
ProjectWise ECM
(面向对象的工程数据库，任务管理/结构化数据管理/信息关系管理/信息变更管理/流程引擎)

信息模型发布及浏览
Navigator 一模型浏览审查工具
i一model 一各专业模型/信息发布工具
移动应用App

图 E.1-3 Bentley 软件产品架构

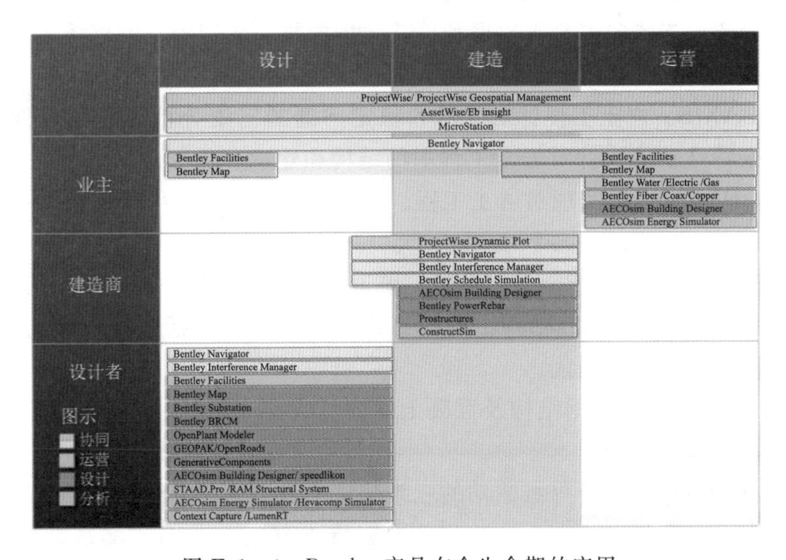

图 E.1-4 Bentley 产品在全生命期的应用

Bentley水利水电BIM解决方案为水利相关行业用户提供了基于全生命期的多专业协同解决方案。整个解决方案基于ProjectWise协同工作平台，实现对工作内容、标准及流程的统一管理。通过丰富的软件设计模块可以覆盖全流程设计，包括地质勘测、水机水工、金结土建等多专业的三维信息模型设计。这些设计模块基于统一的数据平台MicroStation，实现了设计过程中的实时参考与更新。

整个方案结合最新的实景建模技术ContextCapture，以及对各种点云设备、数据的支持，为水库、水电站、泵闸、渠道、水厂等水利水电项目的前期规划、环境评价、勘测设计、施工过程监控及后期的运维管理提供了高效的技术手段，提高勘测设计精度、质量及项目移交的效率，减少成本支出。结合LumenRT电影级的快速渲染技术，可以将实景模型、数字模型及环境模型融合在一起，直观地进行项目展示和汇报，减少了项目汇报、审议的沟通频率和周期，提高了设计质量和整体效率。

Bentley水利水电BIM解决方案在以MicroStation为核心的内容创建平台，以ProjectWise为核心的协同工作平台和以AssetWise为资产运维平台的框架下，完全覆盖了从前端设计、详细设计、材料输出，图纸打印、媒体表现，以及针对施工和运维数字化移交的整个工作流程。

E.1.2　主要产品

(1) 软件产品。Bentley水利水电BIM解决方案主要的应用模块如下：

1) ContextCapture。可以利用照片、点云及动画，生成高精度的实景模型，并能够和其他模型数据进行交互处理。

2) gINT。支持多实验室数据和钻孔数据的报告和管理，可直接生成三维的钻孔可视化模型。

3) PLAXIS。岩土工程针对变形和稳定问题的三维分析有限元软件包，具有各种复杂特性功能，针对岩土工程中的结构和建造过程。

4) SoilVision。可实现对岩土工程、水文地质和岩土环境模型的专业有限元分析。

5) CNCCBIM OpenRoads。场地、渠道、道路地下市政管道设计工具。

6) OpenBuildings Designer。建筑系列设计模块，包括建筑、结构、暖通、给排水，建筑电气设计功能。

7) ProStructures。钢结构及混凝土详细模型设计工具，提供加工级别的钢结构详图及混凝土配筋。

8) OpenPlant。基于等级驱动的三维管道、设备设计系统。

9) OpenUtilities Substation。发变电三维电气设计平台，实现精准的电气方案设计、电气计算。

10）Bentley Raceway and Cable Management。电缆桥架、电缆沟、埋管等电缆通道参数化布置与电缆敷设系统，智能精确地多方案进行桥架和电缆设计，统计电缆长度以及桥架容积率计算等。

11）LumenRT。工程界电影级交互式即时渲染系统。

12）Bentley Navigator。模型综合与设计校审工具，提供碰撞检测、渲染动画、吊装模拟、进度模拟等设计功能。

13）OpenFlows FLOOD。用于认识和减轻城市、河流和沿海系统中的洪水风险。

14）SYNCHRO。以可视化的方式模拟不同时间尺度的施工过程。

15）iModel 2.0。实现三维模型的轻量化管理和发布，跟踪模型的变更线，实现数据的来源统一、变更可信和访问易取。

16）ProjectWise。Bentley 协同工作平台，支持 C/S，B/S 部署方式，支持跨地域、多角色的协同工作环境。

17）AssetWise。Bentley 资产信息管理平台，可以对资产信息状态进行监控，并及早发现故障。

（2）工作流程。利用 Bentley 三维协同设计解决方案标准化部署容易的特点，按照三维设计技术标准规范，建立三维设计标准资源文件包（包含种子文件、字体、图层、线型、标准配置文件、各种模板、模型划分、ProjectWise 上组织结构、人员权限等内容），建立标准化三维环境，即标准化 Worksapce。

在设计项目开始前，在标准工作环境的基础上，建立项目统一坐标系统、项目标准库，并将此信息通知相关参与专业。同时，项目开始前，在标准工作环境下进行任务分解，将任务分派至专业或个人。

各专业在标准环境下进行三维协同设计，各专业可根据权限调用、查看相关专业的设计资料。各相关专业完成设计后（或设计的里程碑位置），进行模型的总装和综合检查，如有问题则反馈信息至相关专业进行修改，然后再次进行综合检查，直至没有问题检出。对确认无误的综合模型进行固化，以此为基础进行二维图纸的抽取和工程数量的统计。Bentley 水利水电 BIM 三维设计流程见图 E.1-5。

Bentley 水利水电 BIM 解决方案提供了从前端数据勘测，流程设计、详细设计、分析校验、成果输出，成果移交等整个工作流程的解决方案。针对于不同类型项目的需求和特点可以灵活进行定义和调整。Bentley 水利水电 BIM 工作流程见图 E.1-6。

通过 ContextCapture 进行环境的实景建模勘测，由 gINT 对场地设计勘测和取样数据进行管理和报告，结合 PLAXIS 对土壤结构进行分析，生成地质三维模型；使用 SoilVision 的 SVOFFICE 应用程序，就土壤特性、土壤行为和地下水流展开相关的工程设计；利用 CNCCBIM OpenRoads 可以在场地模型上进行

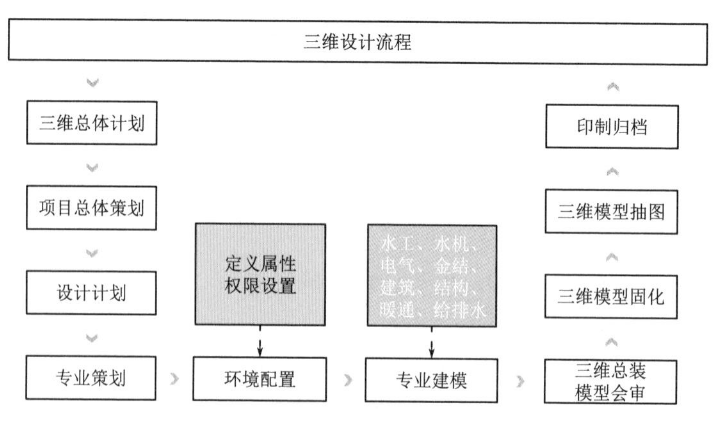

图 E.1-5 Bentley 水利水电 BIM 三维设计流程

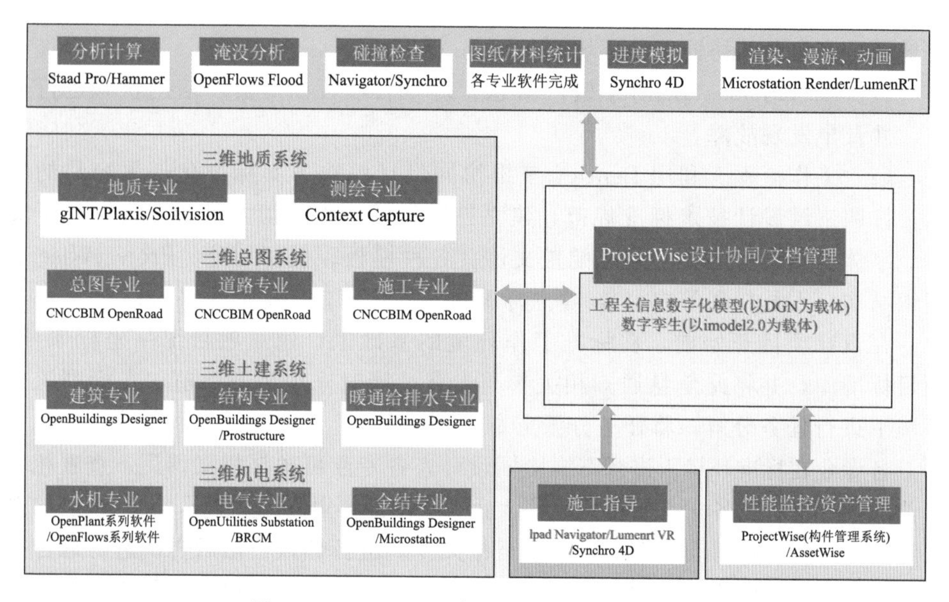

图 E.1-6 Bentley 水利水电 BIM 工作流程

开挖，并依据实际水利水电项目进行场地平整及规划设计；利用 OpenPlant 来确定管道及设备的参数，完成水工水机设计的三维模型和施工图设计；利用 OpenBuildings Designer 进行水工建筑物、结构及暖通的模型创建，并利 ProStructures 软件对结构模型进行三维配筋处理；利用 Bentley Raceway and Cable Management 和 OpenUtilities Substation 软件实现电缆桥架、电缆及变电设备的智能布置。各专业的三维模型都是基于同一平台，数据格式统一，可以无缝相互参考协同作业，并行设计。最终的成果文件可以从实际三维模型中进行图纸抽取，完成材料清单，平立剖面图来进行交付，并为施工阶段提供全方位的数字化模型技术支持。通过 ProjectWise 来管理整个设计、协同及交付过程，并通过 Navigator 对所有的过程进行动态浏览，碰撞校审。最终的成果可利用 LumenRT 来进行最合理的渲染和动画展示；可以利用 OpenFlows FLOOD 软件对河流、城市和沿海的洪水淹没情况进行模拟分析，依据模拟结果不断对模型进行优化设计；采用 SYNCHRO 软件对施工计划和施工过程进行可视化模拟和对比分析；由 iModel 2.0 对模型进行轻量化处理和发布，管理模型设计变更线，保证数据来源统一、变更可信和访问易取。利用三维协同设计生成的 BIM 信息模型结合已有各类系统数据，利用 AssetWise 进行设备资产信息管理，进行预测性运营分析、资产可靠性分析、合规性和安全性分析以及企业数据整合。

E.1.3 硬件要求

为了更好地实施 BIM 技术，对于 BIM 系统架构及配置，建议如下：

(1) 系统架构。采用如图 E.1-7 所示的 BIM 系统架构，在同一个协同的工作环境中实现 BIM 的应用流程。

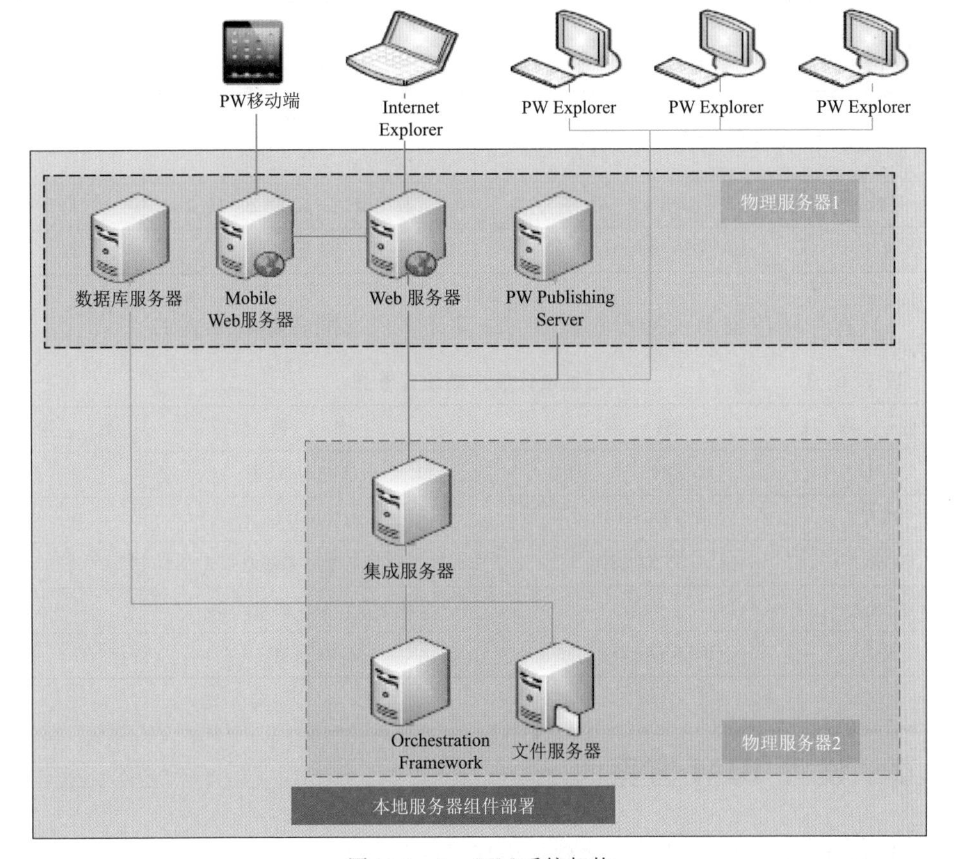

图 E.1-7 BIM 系统架构

(2) 系统配置选择。为了保证 BIM 系统环境的顺利运行，对于各个模块的硬件配置建议如下：

1) 服务器推荐配置。服务器配置参数见表 E.1-1。

表 E.1-1 服务器配置参数

名称	型号	参数
CPU	E5-2650 V4 2 核	2.4GHz，12 核
内存	32G DDR4 ECCR	2400MHz
硬盘	1T	
操作系统	Windows server 2012	
数据库	Microsoft SQL server 2014	

2) 客户端三维设计推荐配置。三维设计客户端配置参数见表 E.1-2。

表 E.1-2 三维设计客户端配置参数

名称	型号	参数	数量
CPU	E5-1680 V4	3.4GHz，8 核	1
内存	16G DDR4 ECCR	2400MHz	4
硬盘 1	512G	SSD 固态盘，系统盘	1
硬盘 2	4T	数据盘，3.5 寸 7200 转	1
显卡	NVIDIA Quadro M4000	8G 显存	1

3) 客户端渲染动画推荐配置。三维设计客户端配置参数见表 E.1-3。

表 E.1-3 三维设计客户端配置参数

名称	型号	参数	数量
CPU	E5-2687W V4	3.0GHz，12 核	2
内存	32G DDR4 ECC	2400MHz	8
硬盘 1	512G SSD	固态盘，系统盘	1
硬盘 2	4T	数据盘，3.5 寸 7200 转	1
显卡	NVIDIA Quadro M6000	24G 显存	1

E.2 设计 BIM 方案

Bentley 水利水电 BIM 方案软件模块见图 E.2-1。

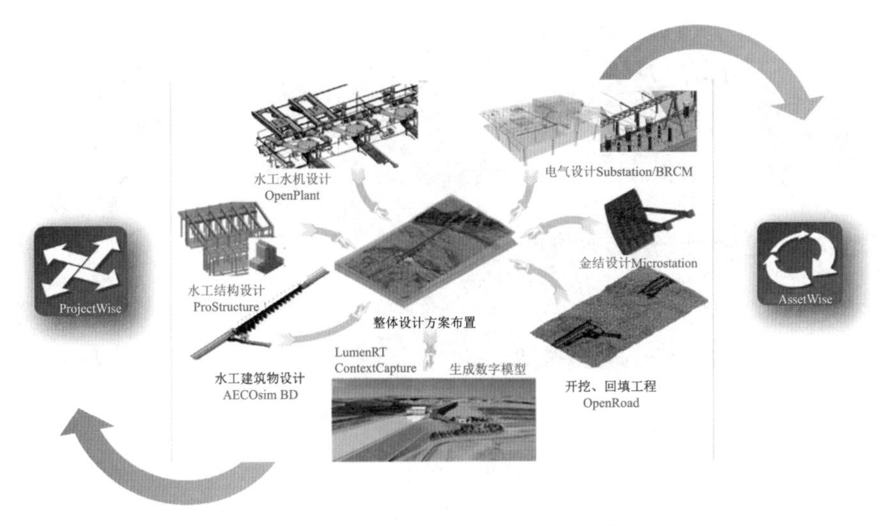

图 E.2-1 Bentley 水利水电 BIM 方案软件模块

E.2.1 实景建模软件 ContextCapture

(1) 利用普通照片生成极具难度的高分辨率实景真三维模型。无需昂贵的专业化设备即可快速创建细节丰富的三维实景模型，并使用这些模型在项目的整个生命周期内为设计、施工和运营决策提供精确的现实环境背景。

(2) 可以接受多种硬件采集的原始照片或者视频，包括大中小型无人机、街景车、手持式数码相机、手机等，并直接把这些数据自动生成连续真实的三维模型，支持多种影像格式（图片：jpeg、tif、rw2、3fr、dng、nef、crw、cr2，视频：avi、mpg、mp4、wmv、mov）。

(3) 通过点云（PTX/E57）生成三维实景格网模型。

(4) 可生成带有多细节层次和分页优化的三维模型数据，三维格网模型导出格式（3mx、obj、fbx、kml、collada、stl、osgb、i3s），能够方便地导入多种主流三维 CAD、BIM 和 GIS 应用平台。

(5) 可以测量三维模型中点的 GPS 坐标、周长、面积、挖方、填方等。ContextCapture 建模见图 E.2-2。

E.2.2 地质勘测专业软件 gINT

(1) 支持多种数据类型：实验室数据、CPT（针入度试验）、现场数据、xls、csv、txt、ags 3 和 ags 4 以及 Access、SQL Server、Oracle 数据库等。

(2) 可以直接生成钻孔纪录图、测井曲线图、围栅报告及截面图。

(3) 快速完成各种实验室报告、表格、图表和摘要。

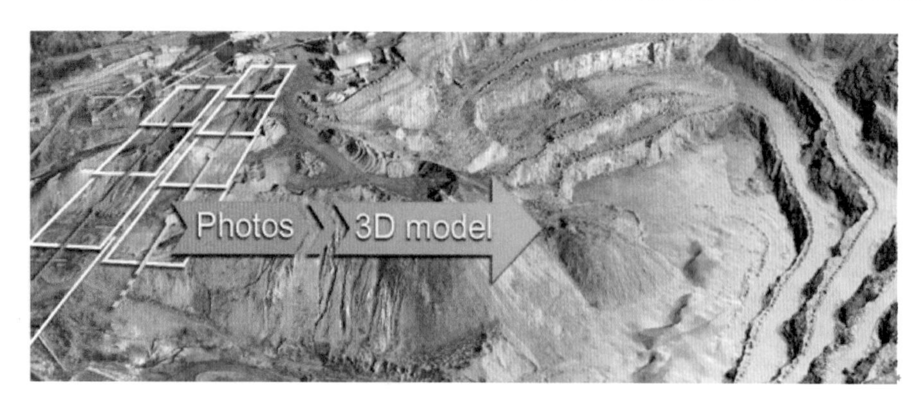

图 E.2-2　ContextCapture 建模

(4) 能够和 MicroStation、CNCCBIM OpenRoads 进行数据交换。

(5) 直接生成三维的 iModel 钻孔可视化模型，并可以发布多种钻孔数据，如照片、报告及 Google Earth 数据。

E.2.3　岩土分析软件

(1) PLAXIS。

1) PLAXIS 3D 是岩土工程针对变形和稳定问题的三维分析有限元软件包，具有各种复杂特性功能来处理岩土工程中的结构和建造过程。

2) PLAXIS 3D 中复杂的土体和结构可以定义为两种不同的模式，分别是土体模型和结构模型，独立的实体模型可以自动进行分割和网格划分。

3) 施工顺序模式可以对施工过程和开挖过程进行真实模拟，通过激活/非激活土体族、结构对象、荷载、水位表等来实现。

4) 输出全套的可视化工具，以检查复杂内部结构细节。

PLAXIS 应用见图 E.2-3。

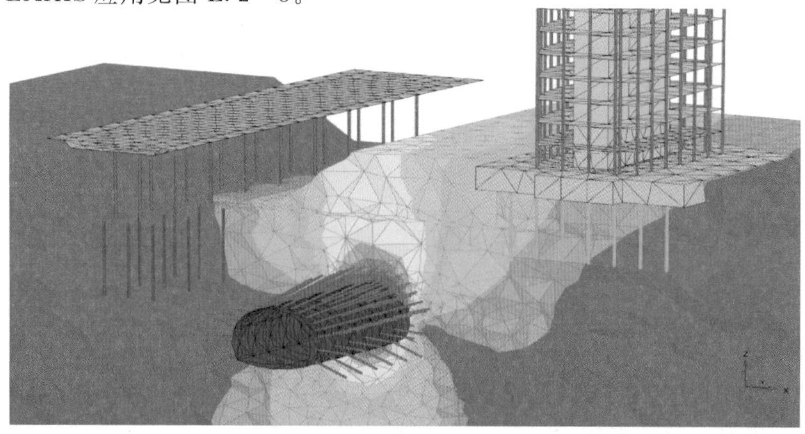

图 E.2-3　PLAXIS 应用

（2）岩土分析软件 SoilVision。

1）岩土工程、水文地质工程和岩土环境模拟的有限元分析系列软件的统称。

2）它从实验数据到分析结果的可视化，提供给用户全面、完整的岩土工程和环境工程问题解决方案。

3）软件采用 FlexPDE 作为其有限元计算的求解器，FlexPDE 能够完全自动生成一维/二维/三维有限元网格。

4）软件能够快速有效地提供计算结果，并能根据自身需要对相关功能进行扩展。

SoilVision 应用见图 E. 2－4。

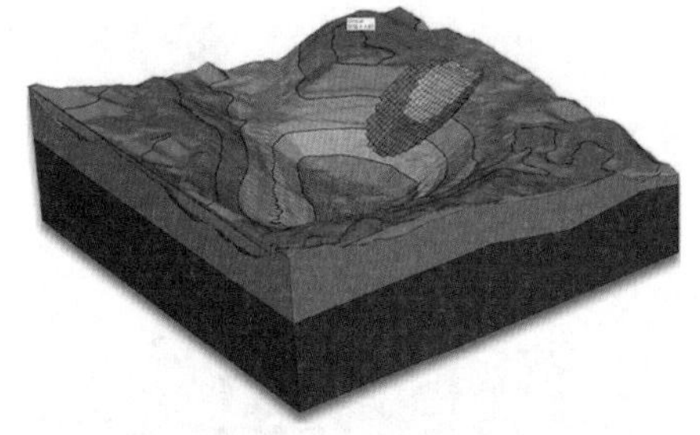

图 E. 2－4　SoilVision 应用

E. 2. 4　总图、道路设计软件 OpenRoads Designer

（1）从摄影测量和全站仪测量到 GPS、LiDAR 和点云，该软件可上传、分析和操作外业数据，同时确保原始数据具有可追溯性。

（2）该软件支持多种先进设备和数据格式，可处理各种现有地形信息，快速完成场地三维模型和场地平整及边坡处理。

（3）快速从各种数据源（包括 GIS 数据）收集设计原始数据，进行场地设计、雨水和污水管网设计。

（4）轻松处理道路设计过程中超高、变宽设计，自动分类统计道路设计工程量、自动出图。

（5）丰富的系统库及灵活的自定义功能使模板库的扩展更轻松。

总图设计见图 E. 2－5。

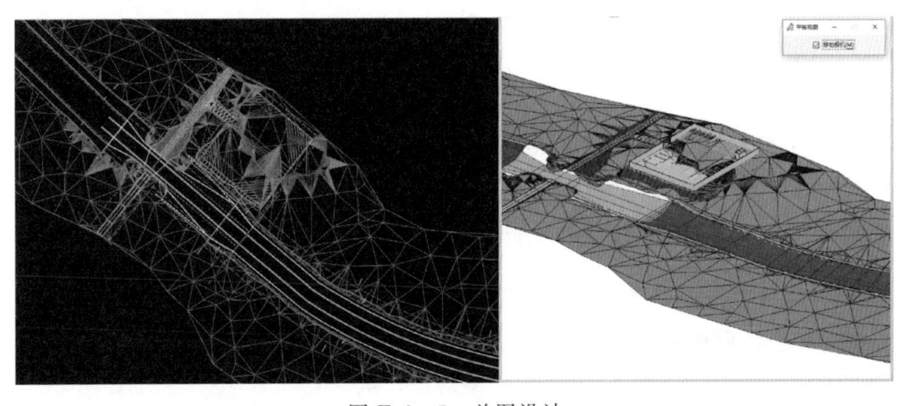

图 E. 2－5　总图设计

E. 2. 5　建筑设计软件 OpenBuildings Designer

（1）OpenBuildings Designer 是一个多专业组合的专业协同设计软件，其中包含了建筑设计结构、建筑暖通、建筑电气等模块在设计流程和实践中。

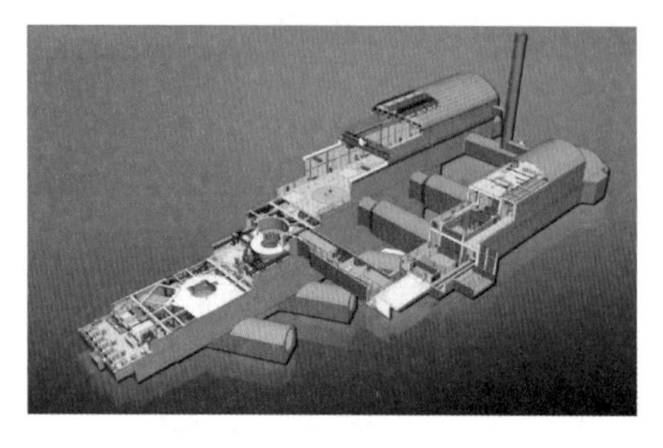

图 E. 2-6　OBD 设计模型

（2）由于 OBD 的互操作性和可伸缩性，可以集成内容的大小、类型或格式。

（3）自动生成信息丰富的可交付的成果，从中反映了建筑师最新的设计信息，可以清楚地沟通设计意图。

（4）通过模拟能够预测实际性能，减轻风险。

OBD 设计模型见图 E. 2-6。

E. 2. 6　结构设计软件 ProStructure

（1）准确的项目设计生产可减少错误和遗漏，因此节省生产时间。

（2）快速、方便和灵活的建模，模型的钢筋混凝土精度可达到 100%的形状参数。当具体改变尺寸，钢筋按要求自动调节。

E. 2. 7　管道设计系列软件 OpenPlant

（1）OpenPlant 可以快速创建和设计管道与阀门和仪表图及接线。

（2）基于元件库和等级库，能自动生成施工交付文件如管道轴测图、平立剖图和支吊架详图。

（3）方便维持最终的 P&ID 和 3D 模型在施工安装、维护和操作阶段的实时更新。

（4）OpenPlant 软件使用 ISO 15926，具有灵活的软件环境和开放的数据库。

（5）项目团队通过访问控制管理、跟踪状态，进行有效的数据交换。

OpenPlant 设计模型见图 E. 2-7。

E. 2. 8　变电设计软件 OpenUtilities Substation

（1）OpenUtilities Substation 以项目数据库为唯一的数据源，所有图纸上的设计信息都和数据库中的设计数据实时同步，完全能够保证设计数据的准确性和唯一性。

（2）OpenUtilities Substation 可以和其他 Bentley 软件结合，实现多专业协

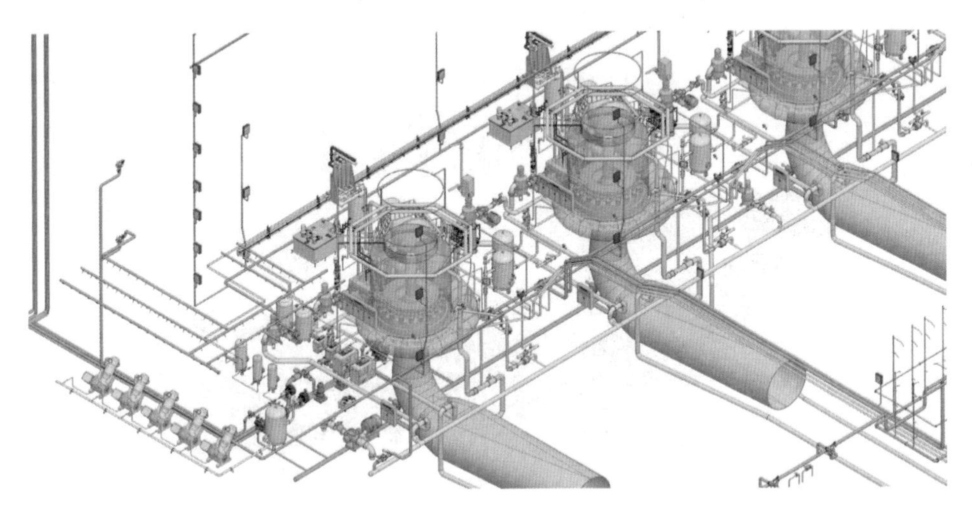

图 E. 2－7　OpenPlant 设计模型

同设计。各个专业数据可以共享和继承，提升变电站设计质量和设计效率。

（3）OpenUtilities Substation 内嵌多个智能设计模块，可以完成主接线设计、三维布置设计、平断面图生成、防雷和接地系统设计、报表自动生成等设计工作，还可以完成鸟瞰图、投标动画，施工进度模拟等投标资料的制作。通过数字化移交，可以将设计数据传递给运行和维护部门，实现变电站项目的全寿期管理。

（4）OpenUtilities Substation 支持 IEC、JIC 及 GB 等标准，在国际项目中有着很大的优势。

（5）OpenUtilities Substation 的符号库、模型库、设备参数库、电气逻辑库等都是完全开放的，用户可以方便地编辑和扩充，可以直接读取 3Dmax、CATIA、UG、SolidWorks、SketchUp、Pro/E 等格式的设备厂商提供的模型，具有极强的模型兼容性。图纸文件完全与 DWG 文件互通。软件附带常用设备厂商模型库，并具有参数化建模功能。

Substation 设计模型见图 E. 2－8。

E. 2. 9　电缆桥架设计软件 BRCM

（1）BRCM（Bentley Raceway and Cable Management）可同时设计桥架和电缆系统。

（2）可利用概念设计和详细设计的自动设计流程快速跟踪下一个项目。

（3）通过使用智能三维模型来减少碰撞，确保间距，并且得到准确的偏移来防止工程建设延期。

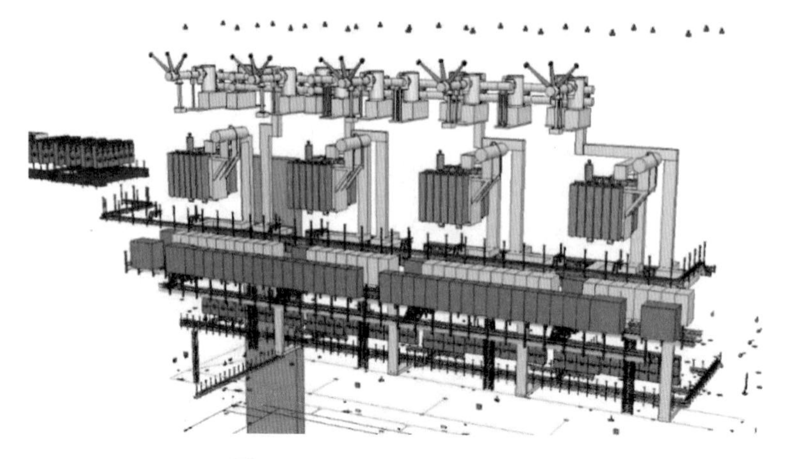

图E.2-8　Substation设计模型

（4）满足通信、控制、电力电缆敷设的需求，BRCM的概念设计模块支持项目计划阶段材料和空间预估。

（5）BRCM的详细设计模块可精确布置3D桥架、埋管、电缆沟，自动电缆敷设模块可准确计算电缆长度、重量以及容积率。

（6）自动计算，并且通过三维模型可准确剖切二维图纸，进而减少错误，跟其他设计模型互相参考可协同设计并降低错误率。

BRCM设计模型见图E.2-9。

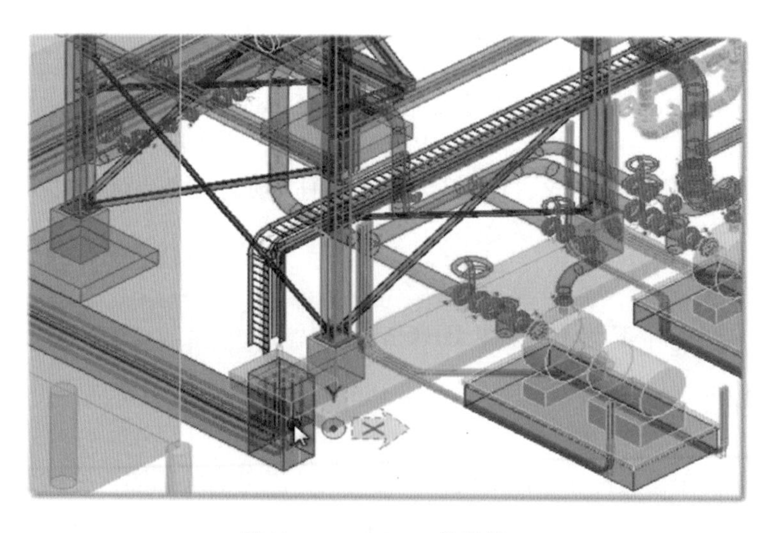

图E.2-9　BRCM设计模型

E.2.10　协同设计平台 ProjectWise

（1）跨领域和项目团队的协作，跨越地域和时区，跨越应用软件和文件格式。

（2）使用共同的工作流程，信息共享和交互使用，保证文档安全。

（3）基于精确且丰富的数据、原生内容，可以生成多种格式文件、电子图纸和效果图及 3D PDF。

（4）快速同步反馈和解决问题，确保将反馈发送给合适的团队成员并与原始设计文件建立关联。

（5）快速创建和共享标记及反馈，发现并解决冲突以及执行计划。

（6）使用共同的工作流程，简化审查工作流程和自动执行审批流程。

ProjectWise 协同方案见图 E.2-10。

图 E.2-10　ProjectWise 协同方案

E.3　施工 BIM 方案

E.3.1　渲染动画软件 LumenRT

（1）实时渲染，快速创作和编辑场景。

（2）在数秒内即可创建视频和图像。

（3）CAD/BIM/GIS 无缝集成，界面简单、简洁。

（4）1h 内即可掌握 LumenRT，可供工程师或 CG 专业人员使用。

LumenRT 软件应用界面见图 E.3-1。

E.3.2　浏览校审软件 Bentley Navigator

（1）实时浏览模型。

（2）测量长度和面积，浏览信息。

图 E.3-1　LumenRT 软件应用界面

(3) 碰撞检测。

(4) 设计批注。

(5) 进度模拟。

(6) 输出 PDF 及渲染动画。

(7) 支持移动端应用。

Bentley Navigator 软件见图 E.3-2。

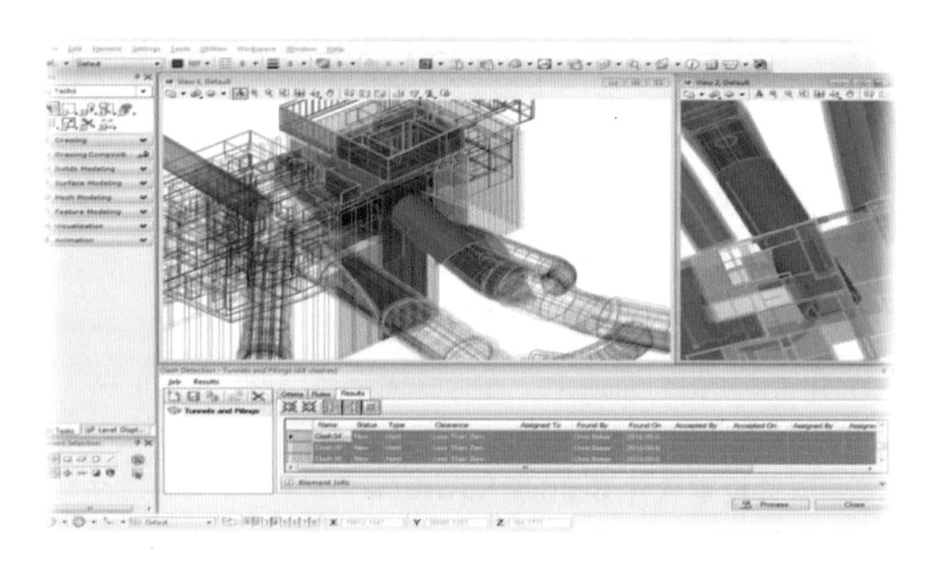

图 E.3-2　Bentley Navigator 软件应用界面

E.3.3 施工模拟软件 SYNCHRO

(1) 能准确地可视化、分析、编辑和跟踪各项目，包括物流和临时工程。

(2) 可视化和数据丰富的环境帮助所有项目团队实现过程透明，以优化从招标到施工、调试和移交的所有类型的建设项目。

SYNCHRO 软件见图 E.3-3。

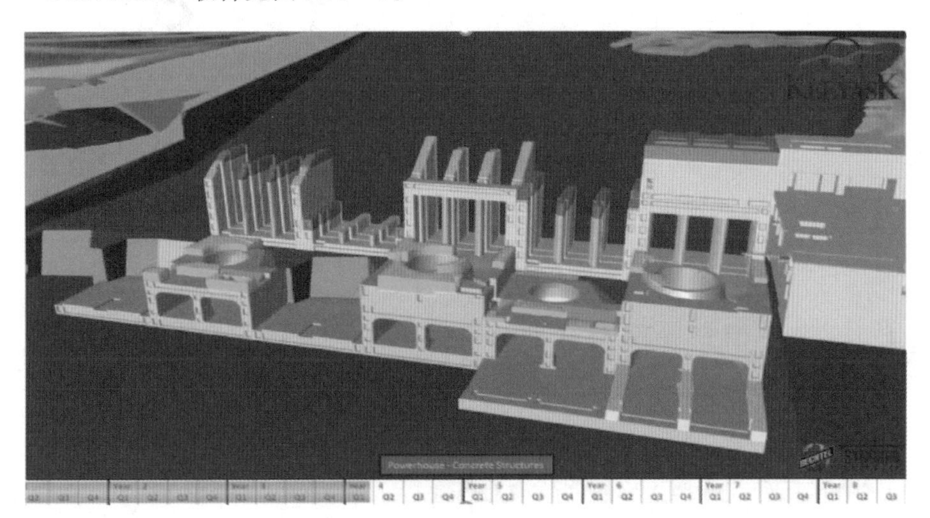

图 E.3-3 SYNCHRO 软件应用界面

E.4 运维 BIM 方案

E.4.1 数据平台 iModel 2.0

(1) 采用分布式关系数据库，以统一的表达形式保存着来自项目或资产的各数字化工程模型的变更，包括物理和功能模型及图纸、规格、分析模型等。

(2) 创建数量不限的 iModel 副本，可以将副本保存到任意设备或服务，可以通过 iModelHub 的变更时间线来同步其副本。

(3) 无须改变现有应用程序或格式即可提供数字化工程模型，不中断现有工作流即可利用 iModel 2.0 平台。

(4) 资产数据库及其数字化工作流保持来源统一、变更可信、访问易取。

iModel 2.0 平台见图 E.4-1。

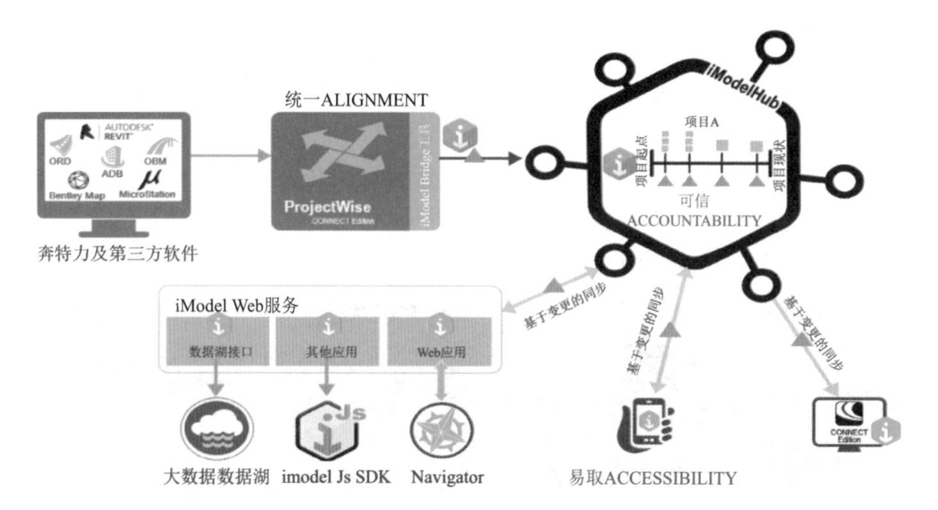

图 E.4-1　iModel 2.0 平台

E.4.2　资产信息管理运维平台 AssetWise

（1）管理工程内容。来源于 EPC 提交内容；增加维护信息；根据需求增加内容。

（2）监控资产表现。运行的状态、可靠性。

（3）提升业务表现。业务效率、指标分析、决策基础。